冯契人性论探究

刘润东　著

吉林大学出版社
·长春·

图书在版编目（CIP）数据

冯契人性论探究 / 刘润东著. --长春：吉林大学出版社，2024.4

ISBN 978-7-5768-2828-3

Ⅰ. ①冯… Ⅱ. ①刘… Ⅲ. ①人性论—研究 Ⅳ. ①B82-061

中国国家版本馆CIP数据核字(2023)第245731号

冯契人性论探究
FENGQI RENXINGLUN TANJIU

作　　者　刘润东
策划编辑　张宏亮
责任编辑　张宏亮
责任校对　甄志忠
装帧设计　雅硕图文
出版发行　吉林大学出版社
社　　址　长春市人民大街4059号
邮政编码　130021
发行电话　0431-89580028/29/21
网　　址　http://www.jlup.com.cn
电子邮箱　jldxcbs@sina.com
印　　刷　长沙市精宏印务有限公司
开　　本　787mm×1092mm　1/16
印　　张　14
字　　数　230千字
版　　次　2024年4月　第1版
印　　次　2024年4月　第1次
书　　号　ISBN 978-7-5768-2828-3
定　　价　68.00元

目　录

导论 尝试探索马克思主义人性论的新体系

冯契在“智慧说”哲学体系中，对人性、人的本质、人的本质力量、人的自由人格（理想人格）等展开过论述，但他对以上问题的思考却未能在“哲学的人性论”视域下展开，因而未形成一种整体性的认识。一方面，冯契没有明确地以人性论来统领这些观点和概念，而是以认识过程的辩证法、逻辑思维过程的辩证法对“转识成智”学说和广义认识论进行诠释和论证。另一方面，冯契并没有明确地将其人性论视为“本体论与认识论相统一”的哲学体系，而是将其作为广义认识论的一条隐线展开。依他的观点，“哲学的人性论在于揭示人的本质力量及其发展”①。因此，研究冯契人性论的核心在于怎样揭示人的本质力量，如何促进人的本质力量发展。这个论断中呈现出三个重要问题：一是人的本质力量究竟是什么；二是如何揭示人的本质力量，进而找到揭示人的本质力量的方法；三是怎样揭示人的本质力量，并促进其发展。

冯契人性论的理论来源体现在三个方面：一是中国传统哲学中的人性论，二是关于人的本质、人的需要等为主要内容的马克思主义人性论，三是西方近现代哲学中提倡的本质主义、存在主义人性论。冯契通过对“复性说”“成性说”进行批判性继承，对马克思主义人性论进行创造性阐发，并挖掘西方近现代人性论中的合理性因素，形成了他的“广义”人性论。质言之，冯契的人性论内化在其广义认识论之中，它既没有脱离本体论的框架，又囊括了认识论和价值论的内容，理应算是一种“广义”的人性论。

一方面，冯契对中国传统人性论（心性论）及其发展进行了梳理和总结，

①冯契：《人的自由和真善美》，《冯契文集》（增订版）第3卷，上海：华东师范大学出版社，2016，第25页。

将天人之辩、心物之辩、群己之辩、知行之辩相统一，哲学史与哲学元理论相结合，以人性论为基础贯通认识论和价值论，探讨了人性、心性、人的本性、人的本质、人的自由人格（理想人格）等名言之域和超名言之域的问题。他尝试打破人文主义和科学主义之间的对峙，构建了富有哲学原创性的“智慧说”体系，为推动当代世界哲学的发展贡献了中国智慧，彰显了中国特色和中国气派。

另一方面，在冯契看来，“关于自然的本性、自然的秩序、人道与天道的关系等问题的理论探讨，属于本体论的范围。本体论与智慧学说是统一的。本书讨论认识世界和认识自己的问题，兴趣不在于构造一个本体论的体系，而在于探讨智慧学说，即关于性与天道的认识的理论。也可以说，我们的兴趣在于给本体论以认识论的依据”[②]。人们在把握自然界秩序的过程中也会认识自己。认识自己是指认识作为精神主体的人类的本性，包括对群体和个体的认识。认识自己“所要解决的问题是‘我’（自己）如何自在而自为，即由自发的天性到自觉人格的德性”[③]。冯契在《认识世界与认识自己》中明确指出，他的研究兴趣并不在于构建一个本体论的体系，而是想用认识论来诠释本体论，并强调本体论与认识论是有机统一的。也就是说，冯契的人性论虽属于本体论范畴，却又包含着本体论、认识论以及本体论和认识论统一的三重诠释路径。基于此，冯契提出的“哲学的人性论”理应是“广义”人性论，既包含对宇宙人生的洞见与认识，又注重个体的精神力量、物质力量的发展。

为什么这么说呢？一般而言，人性论通常指的是伦理学的人性论或者心理学的人性论，而没有单独存在于某一具体领域和学科中。现有的人性论体系，大都是从伦理学人性论或心理学人性论这样一个限定的范围来构建和诠释，而不存在一种能够横跨本体论、认识论、价值论的人性论体系。因而，从这个意义上讲，冯契的人性论并不是成体系的，至少是没有完全形成系统的。但我们不能忽视冯契人性论中关于哲学史与哲学元理论、知识与智慧、科学与哲学之

②冯契：《认识世界和认识自己》，《冯契文集》（增订版）第1卷，上海：华东师范大学出版社，2016，第246–247页。

③杨国荣主编：《知识与智慧：冯契哲学研究论文集》，上海：华东师范大学出版社，2005，第96页。

间关系的思考。如何把人性论从单一的哲学史问题、哲学元理论问题扩展为哲学史与哲学元理论相统一的形上智慧与实践智慧相结合的“史”“思”问题，应是研究冯契人性论的重中之重。

进而言之，冯契对马克思主义人性论持肯定的态度，他结合中国传统人性论、西方本质主义和存在主义人性论，并以实践唯物主义的辩证法为路径、以马克思主义哲学为基本立场，形成了马、中、西融合的人性论思想。换言之，冯契的人性论是在马、中、西融合视域下提出的具有世界哲学性质的理论，具有民族性、时代性、世界性的特征。

在笔者看来，冯契的人性论理应划分为四个部分：一是哲学的人性论的内在意蕴，主要探讨人的本质和人的本质力量的特征。二是人的本质力量的揭示及发展，主要探讨人的本质力量的生成、人的本质力量的内涵、人的本质力量的揭示方法和发展路径。三是理想观，主要探讨人的本质力量和理想的关系。四是自由观，主要探讨人的本质力量和自由的关系。在冯契看来，人的本质是“天性与德性、理性与非理性、共性与个性的辩证统一”“人性即是人类的本质”“人的自由问题与人性论密切相关”。这三个观点的提出，表明冯契继承和发展了马克思“人的本质理论”，同时在中国传统哲学的基础上将人的本质属性扩充到自然性和社会性相统一的层面。进而言之，冯契对人的本性、人的本质、人的本质力量等问题的研究，主要是在人化的自然视域下探讨人对自我和世界的认识，以及如何运用历史规律和自然规律来创造价值、改变世界，实现人生理想。

一、选题背景及研究意义

（一）选题背景

人性论作为本体论或存在论的重要基础之一，在中国传统哲学中呈现出“人禽之辨”“心物之辩”“力命之争”“天人之辩”“群己之辩”等论争形态，为推动中国传统哲学的发展提供了原动力。中国传统人性论强调的是人与自然、人与人之间的关系，主要探讨的是“何以成人”的问题。与中国传统人性论相对应，马克思主义人性论注重的是人与人、人与社会之间的对象性关系，它强调的是人之为人的本质是什么，而不关注过程和追寻境界。西方哲学中的人性论，主要是研究人为什么而存在，人作为存在者与存在、此在的关系，更加注重人自身的本质和道德修养问题。诚然，冯契虽然对马克思主义人性论、中国传统人性论、西方存在主义和本质主义人性论进行了深入的研究，但并没有脱离已有的人性论体系框架。而是在已有人性论体系框架的基础上，不断发展和完善以马克思主义人性论为本位的“哲学的人性论”。也就是说，冯契提出的人性论是哲学视域下的人性论（哲学的人性论），是在马克思主义人性论、中国传统人性论、西方本质主义及存在主义人性论基础上的综合创新。他通过这种“哲学的人性论”界定了人与世界的关系以及人是如何认识世界和认识自己的，并将人性论引入认识论、价值论的范畴，是对传统人性论体系的一种超越。

首先是理论背景。冯契的“智慧说”，是中国近现代哲学革命进程、马克思主义哲学中国化过程中富有原创性的哲学知识体系。他提出的广义认识论，为解决如何将知识转化为智慧、如何打破科学主义和人文主义的对峙等问题作出了创造性的贡献。在回应“古今、中西”之争的时代问题的过程中，冯契始终以主体（人）如何认识自己和认识世界、如何培养自由人格（理想人格）作为出发点和价值旨归，打破了名言之域和超名言之域的界限，为探寻形上智慧和实践智慧的结合提供了思维范式和方法论基础。而人性论作为冯契“智慧说”哲学体系中的本体论部分，并没有得到学界应有的关注，更没有文章和专著从人性论这一更为宽广的领域对冯契关于人性、心性、人的本质力量等论述和观点进行分析和总结。但有很多文章和专著对冯契的人的本质理论、心性论、平民化自由人格、自由理论、理想观等进行研究和探讨，这就给本书的撰写提供了一定研究视域和研究空间。这是从其研究现状和研究基础一方面来论述的选题背景。

其次是现实背景。笔者依托导师的国家社科基金一般项目：“哲学原创性与冯契思想研究”，来完成本课题的选题及研究工作。在导师的精心指导下，笔者对冯契广义认识论即“智慧说”中“化理论为方法、化理论为德性”等观点和理论有了较为清晰、深入的看法及想法，能够支撑笔者对冯契的“哲学的人性论”展开研究和探索。

最后是兴趣使然。本选题源自笔者的研究兴趣和研究方向。冯契作为中国现当代具有原创性的哲学史家和马克思主义哲学家，不仅在推进马克思主义哲学中国化、中国传统哲学的现代转型等领域作出了重大的贡献，而且创造性地构建了“智慧说”哲学体系，正确预测了未来哲学的发展方向。以冯契的“哲学的人性论”为中心开展研究，围绕如何构建具有世界哲学性质的人性论体系的问题逐步展开探讨，是对冯契“智慧说”哲学体系研究的进一步补充和扩展。

（二）研究意义

1. 理论意义

人性论是中国哲学、西方哲学、马克思主义哲学三大哲学体系都十分关注的内容。其中，关于人性是什么、该如何发展它的问题一直备受学者们的关切。在中国哲学史的发展过程中，学者们尤为重视对人性问题的探讨，形成了多元的人性论争。如“人禽之辨”“心物之辩”“天人之辩”等。近代学者江恒源指出，“我们哲学史上发生最早而争辩最激烈的，就是‘人性’问题”[④]。近代哲学家张岱年先生也认为，“人性，是中国哲学中的一个重大问题”[⑤]。可见，我们对人性论展开研究，要结合马、中、西哲学史的发展；而对冯契的人性论展开研究，在注重马、中、西哲学史的基础上，更需要注重哲学史和哲学元理论的结合。

（1）以冯契人性论为基点，推动中国马克思主义人性论体系的构建

“智慧说”哲学体系作为在中国近现代哲学革命进程、马克思主义哲学中国化过程中构建的原创性体系，它的理论核心就是解决人如何认识自己和认识世界的问题。而冯契是以“认识论作为本体论的导论”来展开知识与智慧的关系的研究的，人性论作为本体论的重要组成部分之一，在这一哲学体系中也呈现出重要的纽带作用：联结认识自己和认识世界的过程。

根据马克思关于人的本质是“一切社会关系的总和”的最普遍定义可知，马克思主义人性论是在克服了原有人性论的理论缺陷的基础上，以社会性（阶

④江恒源：《中国先哲人性论》，上海：商务印书馆，1926，第4页。

⑤张岱年：《中国哲学大纲》，北京：中国社会科学出版社，1982，第183页。

级性）为基础来阐明人与人、人与社会、人与自然的关系的体系。而冯契的人性论是对马克思主义人性论和中国传统人性论以及西方近现代存在主义和本质主义人性论的创造性补充。冯契既注重从社会性和自然性的结合来阐明人与人、人与社会、人与自然的关系，又强调天性与德性、个性与共性、理性与非理性的统一。因此，对冯契人性论进行研究，将更好地总结出适用于中国当代社会发展的人性论，同时也体现出对哲学与哲学史关系、形上智慧与实践智慧等哲学史和哲学元理论问题的探索与追溯。

历史上关于人性论的探讨，大多是通过哲学史中关于人的存在等问题的梳理来展开的。而人性论作为一个历久弥新的哲学元理论和哲学史问题，不仅需要对哲学史进行梳理，还需要对哲学概念、哲学观念的产生和发展进行分析。张岱年对人性是什么的问题进行了总结和分析，认为中国哲学关于该问题的探讨形成了三种论争形态："生而自然固有"之意谓、"人之所以为人者"之意谓、"人生之究竟根据"之意谓[⑥]。可见，研究冯契人性论需要对人性是什么作出重要判断。在笔者看来，对冯契的人性论进行探究，将会从整体上把握冯契"智慧说"哲学体系与人性论之间的内在关联，找到两者共同的理论基础，从而能够以冯契人性论为基点推动中国马克思主义人性论体系的构建。

（2）以冯契人性论为个案，推动中国当代哲学理论的构建

冯契提倡的"哲学的人性论"，不仅推动了中国马克思主义人性论体系的构建，而且将马克思主义人性论与中国传统人性论、西方人性论相结合，提出了具有标识性和原创性的概念，推动了马、中、西人性论的融合与发展。它使得人性论及相关问题研究在中国传统哲学现代化转型和当代哲学发展中占有重要地位。基于此，本书尝试从"广义"人性论的视域出发，对冯契人性论展开研究，从而深入阐述冯契对中国传统人性论、马克思主义人性论、西方近现代本质主义和存在主义人性论的继承与批判，以及对非马克思主义人性论中存在的合理性因素的采纳。也就是说，以冯契人性论作为个案展开研究，可以为推动当代中国哲学理论的构建产生积极的意义，为中国当代哲学如何融入世界哲学发展提供理论借鉴。

⑥张岱年：《中国哲学大纲》，北京：中国社会科学出版社，1982，第251-252页。

（3）以冯契人性论为纽带，推动形上智慧与实践智慧的结合

冯契构建的“智慧说”哲学体系，旨在追寻形上智慧与实践智慧。他通过阐明由无知到知、知识到智慧的转识成智的双重飞跃过程，打破了名言之域与超名言之域的隔阂。但通过认识过程的辩证法、逻辑思维过程的辩证法和人的自由与真善美相统一的价值哲学，没有办法很好地解决形上智慧与实践智慧的分野问题。于是乎，冯契通过“化理论为方法、化理论为德性”，尝试对认识自己的问题展开探索。而人性作为人性论的研究对象之一，始终参与到人的感性实践活动之中。依据冯契的观点，人性的自由发展与智慧的获得密切相关，智慧被其视为人性自由发展中获得的真理性认识。基于此，研究冯契的人性论，有助于推动形上智慧与实践智慧的结合。

2. 历史意义

冯契在20世纪80年代末90年代初构建了以“智慧说三篇”和“哲学史两种”⑦为核心的“智慧说”哲学体系，在学术层面上推动了中国传统哲学的现代转型和马克思主义哲学中国化。而当时中国社会由于经济的发展和思想的解放，逐渐形成了“学术热”“文化热”“人学热”现象⑧。正是基于这样的时代背景，冯契构建的“哲学的人性论”正确回应了时代问题，对如何推进马克思主义人学中国化、马克思主义人性论的中国化具有非常重大的历史意义。

（1）进一步推动马克思主义人性论在中国的发展

冯契通过构建“智慧说”哲学体系，对中、西、马（哲学）进行融合创新，为中国哲学融入世界哲学的发展提供了理论基础和方法论指导。马克思主义人性论的提出，是为了解决社会存在与社会意识的现实张力问题，具有极强的生命力。冯契提出的“哲学的人性论”，是对马克思主义人性论的继承性发展。它通过对人性与智慧、人性与理想、人性与自由的诠释，进一步加深了人的感性对象性活动在实践生产活动——人获得自由的活动中的深刻内涵，在理

⑦中国学界普遍认为，冯契的“智慧说”哲学体系的主体由《认识世界和认识自己》《逻辑思维的辩证法》《人的自由和真善美》构成，“哲学史两种”由《中国古代哲学的逻辑发展》（上中下）、《中国近代哲学的革命进程》构成。

⑧“学术热”“文化热”指的是20世纪80年代初期涌现的学术思潮和文化热潮，中国学界开始反思“文化大革命”等现实问题，思想逐渐得到解放和发展；“人学热”是20世纪80年代末和90年代初期，中国学界对人学问题的激烈探讨和反思。

论层面上推动了马克思主义人性论在中国的发展，使得中国的马克思主义人性论体系逐渐建立起来。

(2) 进一步加强人类实践活动在中国当代哲学研究中的地位

张岱年在20世纪40年代构建了“天人五论”哲学体系，冯契在20世纪八九十年代构建了“智慧说”哲学体系，共同推动了马克思主义哲学的中国化和中国马克思主义哲学的发展。马克思主义哲学的重要的关注点在于“现实的人”，并通过实践哲学的范式来进行表达；认为人是一切社会关系的总和，人类实践是获得真理性认识，推动历史发展和社会进步的重要活动。冯契的人性论遵循了马克思主义哲学的立场、观点和方法，对其展开研究将进一步突显人类实践活动的重要性。我们通过这一研究彰显出人类实践活动与“哲学世界化”“世界哲学化”⑨的内在张力，在认识世界和认识自己的过程中不断改造世界和改造自我，进一步巩固和加强人类实践活动在哲学研究中的基础地位。有学者指出，当代哲学的发展进路呈现为从特殊的“知识类型”到特殊的“人类活动”的转向⑩，而人作为实践主体和精神主体，在这一过程中发挥着重大作用。冯契作为现当代著名的哲学家和哲学史家，对其人性论展开研究的目的正是通过感性对象性活动彰显出人类实践活动的特殊性以及对当代哲学研究范式产生的重要影响，从而进一步提升人类实践活动在中国当代哲学研究中的地位。

(3) 进一步推动中国传统人性论的现代转型

中国传统人性论强调的是“心物之辩”“理欲之辩”“义利之辩”。冯契将中国传统人性论中积极、进步的合理性因素与马克思主义人性论相结合，形成了独具特色的人性论思想。一方面，冯契对传统人性论中出现的概念和范畴进行了新的诠释和解读，使其与马克思主义人性论、中国的现实相结合，推动中国传统人性论的创造性转化、创新性发展。另一方面，冯契运用马克思主义哲

⑨ “哲学世界化”指的是用哲学的方法来认识世界和认识自己，将世界理解为一个充满哲学的世界；“世界哲学化”指的是用哲学的思维方式来反思人与自然、人与社会、人与人的关系。

⑩ 贺来：《从特殊的“知识类型”到特殊的“人类活动”——对当代哲学观一种重大转向的考察》，《学术月刊》，2019年第12期，第5-12页。

学的基本观点、方法来诠释中国传统人性论，达到了“以马释中、中马互释”的统一。基于此，对冯契的人性论展开研究，在学术层面上能够进一步推动中国传统人性论的现代转型。

3. 现实意义

在强人工智能时代，如何发挥人的主观能动性、提升人的文化素养和人的信仰是关系到社会进步和国家发展的重要问题之一。研究人性论以及由它衍生的“人性能力及人性的作用”等问题就是解决这一时代问题的重要路径之一。换言之，研究冯契人性论的现实意义就在于为社会进步和国家发展过程中出现的人与人、人与社会、人与自然的关系问题提供解决方法和路径。例如，人工智能能否取代人类的问题、基因编辑的伦理性问题等一系列跟人的本质、人的需要、人的发展相关的问题。此外，对冯契人性论进行研究的现实意义还体现在哲学理论如何与时代、社会接轨的问题上。中国当代哲学理论的建构和发展应该适应社会进步和国家发展，紧跟历史的潮流，在有限和无限中追寻真理，在变与不变中寻求突破。

（1）为提升人的文化素养和信仰提供理论支撑

冯契提倡的“哲学的人性论”，在某种意义上应被称为“文化人性论”。他对中国未来文化的发展道路作出过预测和提供过文化哲学的方案，认为个人文化素养的提升和个人信仰的培养，是提升人性能力的重要方面。同时，他认为通过人的本质力量的对象化、形象化过程激发和发展而来的人性能力，也可以推动人的文化素养和信仰的塑造和提升。从这一方面来讲，冯契提倡的“哲学的人性论”的重要现实意义之一就在于能够在一定范围内提升人的文化素养和信仰，并为其提供理论支撑。

（2）为充分发挥人的主观能动性提供价值导向

在强人工智能时代，如何发挥人的主观能动性，取决于个人的精神力量和社会关系。冯契人性论是一种积极的、自由的向善论。它不拘囿于传统本体论的视角和要求，而是用认识论来诠释本体论，对人性论以及由它衍生的“人性能力及人性作用”展开探索，从而实现本体论、认识论、价值论、伦理学的贯通。人的主观能动性的发挥取决于人的自由程度和人性能力的强弱。冯契特别重视人的感性实践活动，认为人的主观能动性通过基于实践的认识过程显现出来，集中体现在人的本质力量中，能够用人性能力来引领。由此可知，对冯契的人性论展开研究，一方面，能够充分发挥人的主观能动性，并在主观能动性的限度内规范人的伦理道德行为；另一方面，充分发挥人的主观能动性也离不开作为“现实的人”的生产实践活动的开展。由此可知，冯契的人性论通过“化理论为德性”构建的合理的价值体系和伦理道德规范为充分发挥人的主观能动性提供了价值导向。

（3）为解决现代性过程中出现的“人—机”困境提供路径方法

研究人性论的现实意义还在于能够为社会进步和国家发展过程中出现的人与人、人与社会、人与自然的关系问题提供相应的解决方案。现代性进程中最为突出的问题就是“人—机”问题。如何让人的发展顺应社会的发展、紧随时代的潮流仍是解决现代性问题的核心手段之一。冯契构建的“智慧说”哲学体系，通过对人性与智慧、人性与自由、人性与理想的关系展开探索，将人性与人的自由、理想、智慧紧密结合，推动了人的本质力量的发展。一方面，现代性过程中出现的人与人、人与社会、人与自然的关系问题的核心是“人—机”困境，即作为精神主体的人与冰冷的人工智能机器之间的矛盾；另一方面，解决现代性过程中出现的“人—机”困境，需要将人的本质力量、人性能力作为重要研究方向来提供路径与方法。由此可知，对冯契的人性论展开研究，能够为解决现代性过程中出现的“人—机”困境提供路径和方法。

二、研究现状

（一）冯契思想研究的整体概况

学术界对冯契学术思想的研究是从其逝世（1995年3月1日）之后开始的。迄今为止，《哲学研究》《哲学动态》《中国哲学史》《学术月刊》《探索与争鸣》《学习与探索》《华东师范大学学报》《武汉大学学报》《吉林大学社会科学学报》《湘潭大学学报》《现代哲学》《哲学分析》等学术刊物发表了研究冯契学术思想的论文503篇。海外的英文杂志 *Encyclopedia of Chinese Philosophy*、*Contemporary Chinese Philosophy* 等也发表了数篇研究冯契先生学术思想的文章。据不完全分析，以冯契先生的哲学思想作为硕士学位论文选题的有40多篇。而以冯契先生的哲学思想作为博士论文选题的有：《人的成长和人格理想——冯契智慧说与霍韬晦如实观之比较研究》《冯契自由理论研究》《论冯契的实践观》《冯契的理想观研究》《冯契与马克思主义中国化》《论冯契对马克思主义哲学中国化的贡献》《冯契美学思想研究》。公开出版的研究冯契学术思想的专著有：《冯契辩证逻辑思想研究》，华东师范大学出版社1999年版，作者系华东师范大学哲学系彭漪涟教授；《化理论为方法　化理论为德性——对冯契一个哲学命题的思考与探索》，上海人民出版社2008年版，作者系华东师范大学哲学系教授彭漪涟；《冯契与马克思主义哲学中国化》，湘潭大学出版社2008年版，作者系湘潭大学哲学系教授王向清；《冯契"智慧"说探析》，人民出版社2012年版，作者系湘潭大学哲学系王向清、李伏清；《冯契与马克思主义哲学中国化》，人民出版社2014年版，作者系中南财经政法大学马克思主义学院教授刘明诗；《转识成智——冯契广义认识论研究》，湘潭大学出版社2016年版，作者系湘潭大学哲学系教授王向清；《当代中国的智慧论——冯契马克思主义哲学中国化贡献研究》，上海社会科学院出版社2017年版，作者系华东理工大学周利方。出版的论文集有：《理论、方法和德性——纪念冯契》，华东师范大学哲学系编，学林出版社1996年版；《知识与智慧——冯契哲学研究论文集》，杨国荣主编，华东师范大学出版社2005年版；《追寻智慧——冯契哲学思想研究》，杨国荣主编，华东师范大学出版社2005年版。出版的回忆文集和评传有：《智慧的回望——纪念冯契先生百年诞辰访谈录》，杨海燕、方金奇编，广西师范大学出版社2015年版；《当代著名哲学家冯契评传》，李志林著，上海人民出版社2019年版。

（二）　国内研究现状

当前，国内学术界关于冯契及冯契思想的研究主要集中在人的本质理论、马克思主义哲学中国化问题、科学与哲学的关系问题、哲学史创作（中国古代哲学的逻辑发展，中国近代哲学的革命进程）、"化理论为方法，化理论为德性"（两化理论）、美学思想、理想学说、自由理论、平民化自由人格理论、世界哲学观、政治哲学、德性伦理学等方面。而关于冯契人性论的研究则散落在人的本质理论、自由理论、平民化的自由人格、德性自证、理性直觉等各个部分，而没有学者明确提出冯契人性论由几个部分组成、人性论是否成立的问题。本书主要围绕冯契提出的“哲学的人性论，在于揭示人的本质力量及其发展”的观点，来对其人性论的主要概念、主要内容进行整体分析和具体划分。基于此，主要对关于冯契的人的本质理论、自由理论、理想观、“四界说”“平民化自由人格”等方面的研究文章和关于冯契“智慧说”、冯契对马克思主义哲学中国化的贡献等方面的著作[11]进行整理和分析。

1. 关于冯契人的本质理论的研究

当今，学界对冯契人的本质理论的探析主要是针对冯契提出的关于人的本质的特征、人的本质的定义及其理论意义等进行阐释和论述。

一是认为冯契对马克思人的本质的理论作出了新见解，对马克思人的本质理论进行了继承和发展。王向清、李伏清（2004）对冯契关于人的本质理论的观点进行了总结和分析，认为冯契的人的本质理论的核心呈现为：“人的本质是从天性中养成德性，又从德性复归天性的双向运动过程，人的本质是理性和非理性的统一，人的本质是个性与共性的统一。”[12]在他们看来，冯契对人的本质作出了新见解，打破了马克思提出的“人的本质是一切社会关系的总和”的旧有观点，将人的本质纳入了广义认识论的范畴，是对马克思人的本质理论的重要继承和创新性发展。李伏清、王向清（2004）在《冯契对马克思人的本质理论的继承和发展》一文中又提出，冯契对人的本质的阐释具有重大的理论意义和现实意义。其一，指出人的本质与存在、理性与感性统一于具体的历史社会实践中，有力地批判了阶级主义和本质主义；其二，提出人的自由全面的发展，要求共性与个性的共同发展；其三，阐释了复性说和成性说，分析了人性异化的产生及其克服方法，指出了人性发展的总体方向[13]。李伏清（2008）对冯契关于人的本质的发展的观点展开了进一步研究，认为在冯契那里，人的本

⑪目前，国内学术界研究冯契的专著有：《冯契与马克思主义哲学中国化》《冯契“智慧”说探析》《转识成智——冯契广义认识论研究》《当代中国的智慧论——冯契与马克思主义哲学中国化贡献研究》《冯契与马克思主义哲学中国化》。

⑫王向清、李伏清：《冯契对人的本质的新见解》，《哲学研究》，2004年第12期，第33–38页。

⑬李伏清、王向清：《冯契对马克思人的本质理论的继承和发展》，《湖湘论坛》，2004年第6期，第36–38页。

质的发展内在地包含四个方面：自在之物向为我之物的转化；本然界向事实界、可能界、价值界之间的转化；真、善、美的统一和发展；自由的发展和实现⑭。

二是认为冯契的人的本质理论并没有将人的本质和属性界定清楚，算不上是对马克思人的本质理论的新见解。李义祥、张志峰（2008）强调，“共性与个性的统一”是普遍存在的一个现象；“理性和非理性的统一”是人的一个基本属性；“天性与德性的互动”是人的类特性。它们“不是人的本质，只是人的属性”。结合“具体—抽象—具体”的图式可以进一步解析人性的本质及人的本质视野下人的属性之间的联系和区别⑮。

由此可见，学界关于冯契人的本质理论的研究主要呈现出两种对立的观点，一是对冯契人的本质理论持肯定态度，认为其本质理论是对马克思人的本质理论的创造性阐发和批判性继承。二是对冯契人的本质理论持否定性态度，认为其本质理论并没有将人的本质阐释清楚，且断定冯契论述的关于人的本质的观点其实并不能称为人的本质，而应称为人的属性。基于此，冯契人的本质理论中关于人的本质的界定及其概念是否属于“人的本质范畴”尚存在一定的争议，但这不影响其人的本质理论所揭示的理论意义和现实意义。

2.关于冯契自由理论（自由观）的研究

当今，学界对冯契自由理论（自由观）的研究主要集中在对冯契自由理论核心内涵的诠释、冯契自由理论的发展路径与趋势、冯契自由理论对马克思主义的推进等方面。

一是对冯契自由理论发展历程的阐述。林孝瞭（2008）指出，冯契自由理论的发展经历了两次转变三个阶段：自由主义是中间阶层的意识形态、人的自由在于对必然的认识、形成自由理论体系⑯。在该文中，林孝瞭对冯契自由理论的发展进行了横向和纵向的梳理，对理解冯契自由理论的生成、发展有着积

⑭李伏清：《论冯契对人的本质的构造》，《探索与争鸣》，2008年第4期，第71–73页。

⑮李义祥、张志峰：《人性的本质和人的本质视野下的人性——从“冯契对人本质的新见解”谈起》，《内蒙古农业大学学报（社会科学版）》，2008年第5期，第308–311页。

⑯林孝瞭：《从政治自由到哲学自由——冯契自由理论的历史发展》，《现代哲学》，2008年第4期，第117–121页。

极作用。

二是冯契对马克思自由理论的继承、发展研究。在《冯契对马克思自由理论推进》一文中，林孝瞭认为冯契在继承中国近代马克思主义注重理想的传统的基础上，将自由与理想、价值相联系，提出“自由是理想的实现”，“价值体系就是理想体系”等主张。该文从自由与理想、自由王国、自由人格三个方面阐述了冯契对马克思主义自由理论的推进。并指出冯契提出的“平民化的自由人格”要求自由个性与自由德性的统一[17]。王向清（2008）认为，冯契在继承马克思主义自由学说的基础上，阐述了自己对于自由理论的颇具新意的看法和主张，对自由的含义和特点也作出了具体的界定和考察，进一步丰富和发展了马克思主义自由学说。并在此基础上，进一步探讨了主体如何获得自由，也就是如何培养“平民化的自由人格”。他认为冯契的自由学说对于提炼社会主义核心价值观具有一定的借鉴意义[18]。在王向清（2011）看来，冯契的自由理论是对马克思自由学说的继承和超越，他在将作为本体论和认识论统一的自由问题与价值论相结合的基础上，阐明了智慧与自由、人生与自由的关系，认为理想是实现自由的前提，对如何养成自由人格等问题展开了探讨[19]。

三是从政治哲学角度对冯契自由理论的新解读。朱承（2016）从政治哲学的视域出发，认为冯契先生的“自由”观念既是哲学范畴，也有一定的社会政治意义。自由人格、自由意志的实现不能脱离人的社会实践活动，自由人格的问题离不开社会性存在这一前提，人的社会实践伴随着自由人格实现的历程。“权威主义”盛行或者出现“权威”凌驾于群众之上的情况往往会对人民群众形成自由独立人格产生消极的影响，应当予以警惕，从这个意义上说，自由的社会应该是与异化“权威主义”盛行的社会有着明确界限的。自由人格与自由社会是互为前提的，理想的社会应该是个性解放、社会向心力都得到满足的社会，人道主义、社会主义的结合是实现这种理想社会的路径[20]。

---

⑰林孝瞭：《冯契对马克思主义自由理论的推进》，《求索》，2008年第6期，第94–95页。

⑱王向清：《冯契的自由学说及其理论意义》，《湖南师范大学社会科学学报》，2008年第1期，第5–9页。

⑲王向清：《冯契对怎样认识自我的探索》，《湖湘论坛》，2011年第2期，第51–58页。

⑳朱承：《冯契自由观念的政治哲学解读》，《伦理学研究》，2016年第4期，第80–85页。

需要注意的是，从政治哲学的视域来思考冯契的“智慧说”，显然不符合目前学术界关于其哲学思想探索的主流，但不得不说是一种很新颖的视角。但直接将其命名为冯契的政治哲学，恐有不妥之处。其一，冯契构建的“智慧说”哲学体系，虽说在一定程度上解决了中国近代的“古今、中西”之争，但它所提供的路径，却是一种文化救国的路径，虽有涉及关于如何解决近代中国向何处去的问题的解决方案，但不能改变其以文化论道的本质。其二，冯契的政治哲学是对其文化哲学的解释和阐发，它更多的是对文化哲学中存在的比较难以描述的内容的一种解释性阐发，而不是主流。换言之，冯契的政治哲学本质上应该是其文化哲学在思想政治领域的一种特殊形态。

四是从理论智慧的层面来阐释冯契怎样回答智慧如何自由的问题。有学者指出，在冯契哲学里，围绕智慧何以自由的问题，可以从三方面解读。一是人能够超越自我的有限性，体验到自我与世界的统一，从而实现自由；二是人能够通过德性的自我确证，在社会生活中运用自觉的理性，证成自由的人格；三是人能够凭借人性能力去改造自然，从而使理论智慧转化为美的创造、理想转变为现实，从而达到自由的境界。冯契对这一问题的解决方案，对于深入把握人类认知活动、伦理活动、创造活动的终极性价值，具有重要的启发意义[21]。

五是比较视域下冯契的自由学说研究。吴根友（2000）指出，冯契的自由学说与“智慧学说”紧密相连，使人在面对自然界和事实界的各种矛盾时能够更自由和更智慧。认为人的自由不具有本体上的意义[22]。

3. 关于冯契中国哲学史的研究

一是对冯契“哲学史两种”的研究。学界普遍认为冯契的中国哲学史研究具有创造性意义，是对传统中国哲学史研究范式的突破。首先是整体研究。有学者指出，基于哲学史研究的元哲学深度自觉，冯契的“哲学史两种”实质上构成了《智慧》到“智慧说三篇”的中介。作为辩证的综合型哲学的历史展开，《中国古代哲学的逻辑发展》以范畴史为内在结构，凸显了中国哲学的辩证思维传统；基于强烈的现实感，《中国近代哲学的革命进程》揭示了传统观

㉑朱承：《智慧何以自由——来自冯契的回答》，《哲学动态》，2021年第7期，第56–64页。

㉒吴根友：《个人自由与理想社会——殷海光与冯契自由理想之比较》，《中国哲学史》，2000年第2期，第115–123页。

念创造性转化的现实性，更开启了哲学观念史研究的新空间[23]。其次是分别对《中国古代哲学的逻辑发展》和《中国近代哲学的革命进程》的研究。

二是对冯契"哲学史与哲学"关系的研究。有学者指出，"智慧"是冯契思想中用以联系其哲学史写作和哲学创作的津梁，同时又在这两种写作中有重要区别，在以《中国古代哲学的逻辑发展》为代表的哲学史写作中，冯契主要在"具体真理"的意义上探讨了智慧；而在以"智慧说三篇"为代表的哲学创作中，他则是在"具体真理"与"具体人格"之内在结合的意义上探讨了智慧。前者是智慧的思辨形态，后者则显示了智慧的实践之维。对智慧之理解的上述差异造成了冯契哲学史写作和哲学创作之间的张力，同时也是当代讨论中对冯契的分裂评价的根源之一[24]。冯契的"智慧说"哲学体系力图沟通知识与智慧，而智慧就表现为自由的德性，由此"智慧说"亦涉及对知识与德性概念及其关系的考察。知识与德性的关系在"智慧说"中经由道或智慧而表现为凝道成德、显性弘道的互动过程，认识的辩证运动伴随着主体德性的生成。作为哲学家与哲学史家，冯契"智慧说"的哲学创作以其对哲学史上知识与德性问题的梳理与总结为基础，"智慧说"中的知识与德性互动统一的观念亦影响并反映了他的哲学史书写。这两方面的研究工作为我们提供了知识与德性关系的双重诠释，亦展现了他贯通哲学创作与哲学史书写的辩证法，即"哲学是哲学史的总结，哲学史是哲学的展开"这一治学之方。

三是对冯契中国哲学史研究的思想路径与内涵拓展的探讨。20世纪80年代是中国哲学史研究范式的转换时期，冯契与李泽厚从各自对马克思主义哲学的不同理解出发，形成了中国哲学史研究的两个代表性个案。有学者指出，正是从"智慧说"出发，冯契的中国哲学史研究才形成了独特的思想路径与内涵拓展，首先以"逻辑发展"阐明中国古代哲学史，继而以"革命进程"阐明中国近代哲学史，最后走向中国近代社会思潮史研究[25]。

㉓高瑞泉：《在历史深处通达智慧之道——略论冯契的哲学史研究与"智慧说"创作》，《华东师范大学学报（哲学社会科学版）》，2017年第6期，第1–13页。

㉔鲍文欣：《智慧的实践之维与哲学史的写法——对冯契哲学思想的一点分析》，《华东师范大学学报（哲学社会科学版）》，2017年第6期，第14–19页。

㉕ 李维武：《冯契中国哲学史研究的思想路径与内涵拓展》，《华东师范大学学报（哲学社会科学版）》，2020年第2期，第13–25页。

4. 关于冯契理想观（理想学说）的研究

目前，国内学界对冯契理想观（理想学说）的研究主要集中在冯契理想观对马克思主义价值学说的贡献、冯契理想观的主要内容、冯契理想学说的含义等方面[26]。这其中以冯契的人生理想、道德理想、审美理想为重要轴线来展开。

一是对冯契理想观对马克思主义价值学说的贡献的探讨。张应杭（2016）指出，理想是冯契"智慧说"的核心概念之一。冯契把理想范式引入认识论，其理论贡献在于不仅为马克思主义哲学"解释世界"和"改变世界"相统一提供了由此达彼的必要环节，而且也为马克思主义哲学确立了真善美理想人格培养的逻辑归宿。探讨冯契的理想观从学理层面上能够挖掘一条在当代中国弘扬马克思主义哲学，践行理想信念的有效途径；而在生活层面上则进一步丰富了国人的精神世界，为国人战胜物欲诱惑，谋求自我解放发挥了积极的指引作用[27]。

二是对冯契审美理想、道德理想、人生理想的阐发。张灵馨在《冯契论美与审美理想》一文中对冯契的审美理想、美与审美理想的关系进行了分析。在她看来，冯契主张美以真和善为前提，美和真与善之间，有着互相促进的作用。在论述审美理想时，冯契将审美理想归为人生理想，认为审美理想是人的本质力量的形象化。基于此，冯契指出，审美不是随意的主观感受，它包含着价值判断和道德判断。美在由自在之物化为为我之物的过程中获得了作用于人生的社会属性，它以人的自由意志为前提，以实现人的自由发展为旨归[28]。王向清、余华（2008）认为，道德理想是冯契理想学说的精华所在。冯契界定了道德理想的含义，阐明了以"善"为核心价值的道德理想与利和真的关系；认为道德理想化为现实必须凭借一定的道德规范，才能构建良好的社会伦理关系，培养人的良好道德品质[29]。

三是对冯契理想观的整体阐释。王向清（2006）指出，哲学作为世界观、

㉖如王向清：《冯契的理想学说》，《中国哲学史》，2006年第4期，第92–98页。

㉗张应杭：《论冯契的理想观对马克思主义哲学的理论贡献》，《华东师范大学学报（哲学社会科学版）》，2016年第3期，第45–49页。

㉘张灵馨：《冯契论美与审美理想》，《知与行》，2019年第4期，第148–153页。

㉙王向清、余华：《冯契的道德理想学说》，《湘潭大学学报（哲学社会科学版）》，2008年第2期，第125–128页。

人生观的理论体系，必然会对理想问题给予充分的关注。作为现当代著名的马克思主义哲学家，冯契先生从“智慧说”的高度对理想的内涵、作用、特点、类型等方面作了富有新意的阐述，丰富、完善了马克思主义的理想学说。[30]

5. 关于冯契“四界说”的研究

目前，学术界关于冯契“四界说”的研究主要集中在“四重”之界如何转化、“四重”之界与人的关系、“四重”之界与世界的关系等方面。

一是对“四重”之界与世界关系问题的阐发。杨国荣（2019）认为，以本然界、事实界、可能界、价值界为基本范畴，冯契先生展开了关于本体论问题的思考，这一考察进路体现了本体论、认识论、价值论的统一。在本然界、事实界、可能界、价值界的表述中，事实界和价值界被分别列为不同之“界”。它表征着本体论上的存在形态或存在境域，与之相应，把事实界、可能界、价值界等存在形态理解为不同的存在之“界”，至少在逻辑上隐含着将其分离的可能。相对于“本然界”“事实界”“可能界”“价值界”等“四重”之界的并立，本然世界和现实世界这“两重”世界的互动，体现了另一种形上视域。在“两重”世界中，一方面可以注意到不同存在形态在本体论层面的分别，另一方面也不难看到现实世界的综合性以及不同存在规定的相关性。与“四重”之界说相关的，是对事实本身的理解[31]。

二是对冯契价值界的阐述。邱涵、张应杭（2017）指出，冯契的“智慧说”以马克思“实践的唯物主义”为基本立场，会通中、西方哲学的既往理论和思想，成功地创建了颇具时代性和民族性的中国马克思主义哲学新形态。“智慧说”对马克思主义哲学的独特贡献是多方面的，就其对马克思主义价值论的贡献而论不仅体现在其开创了马克思主义价值论研究之先河，并且还构建了一个理论严谨、逻辑缜密且极具个人特色的马克思主义价值论的学科体系。该体系的基础主要是对本然界、事实界、可能界和价值界的划分，并以其缜密的思维逻辑推演出价值界才是最佳的理想状态，即实现自由人格（理想人格）和自由王国的终极追求。冯契的价值论研究从方法论层面上还为当下中国的马

㉚王向清：《冯契的理想学说》，《中国哲学史》，2006年第4期，第92–98页。

㉛杨国荣：《“四重”之界与“两重”世界——由冯契先生“四重”之界说引发的思考》，《华东师范大学学报（哲学社会科学版）》，2019年第3期，第35页。

克思主义哲学研究提供了示范性的文本[32]。

三是对冯契"四界说"与人的关系的阐发。在王向清、卢云蓉（2012）看来，冯契先生认为对世界的认识就是认识自然界及其秩序。人们在促使现实的可能性转化为事实及事实界时，既要遵循必然之理，又要遵守当然之则，对可能界的认识就转化为对价值界的认识。所以，对自然界及其秩序的认识，就是要在把握世界统一原理和发展原理的基础上，认清本然界、事实界、可能界、价值界的属性及其相互之间的转化[33]。

6. 关于冯契"平民化自由人格（理想人格）"的研究

如今，学术界对冯契"平民化自由人格（理想人格）"的研究主要集中在"平民化自由人格（理想人格）"何以可能、如何实现、主要内容、现实意义等几个方面[34]。

一是对平民化自由人格何以可能、如何可能问题的辩证分析。在顾红亮（2012）看来，冯契的自由人格可能性思想包含三个理论向度，即自由人格"是否可能""何以可能"和"如何可能"。冯契在解答这些问题的过程中形成转识成智的致思进路，其是构成自由人格可能性思想的主要内容之一[35]。

二是对冯契理想人格特征、内涵及现实意义的阐述。吴根友（1996）认为，冯契构造的理想人格总体呈现四个特征：与圣人人格和君子人格不同；与极端个人主义不同；与现代西方某些"德性理论"相通；与共产主义道德、革命英雄主义先锋队的道德理想不完全等同。概而言之，冯先生的"平民化自由人格"强调自觉与自愿的统一、必然之理与当然之则的协同，是前瞻性、开放

㉜邱涵、张应杭：《论冯契的智慧说对马克思主义价值论的理论贡献》，《浙江社会科学》，2017年第6期，第96–101页。

㉝王向清、卢云蓉：《冯契对怎样认识世界的新探索》，《广东社会科学》，2012年第2期，第62–67页。

㉞如王向清、周义顺：《冯契的"平民化的自由人格"论略》，《邵阳学院学报》，2002年第5期，第21–24页；丁彦祯：《儒家的理想人格与现代新人的培养——兼谈冯契"平民化的自由人格"》，《华东师范大学学报（教育科学版）》，1998年第1期，第10–18页；蔡成浩：《冯契与他的"平民化的自由人格"观》，《盐城师范学院学报（人文社会科学版）》，2005年第2期，第95–98页。

㉟顾红亮：《自由人格的可能性：以冯契为例》，《天津社会科学》，2012年第2期，第23–28页。

性、历史性的统一，并不是一种一成不变的乌托邦境界[36]。此外，吴根友在《冯契"平民化的自由人格"说申论》一文中对冯契的"自由""人格"观念展开了论述，概括了冯契"平民化的自由人格"的内涵及其当代性，阐发了"平民化自由人格"说的现实意义[37]。

7. 关于冯契自我观的研究

一是对冯契如何认识自我的问题研究。王向清在《冯契对怎样认识自我的探索》一文中对冯契关于心、性及其关系，主体意识与人的类本质；社会意识与人的社会本质，自由意识与德性的全面发展的相关论述进行了总结和分析。并指出从哲学层面研究人性问题，最重要的是注意人性与天道的关系，即把它当作本体论问题来研究。这也是冯契强调要着重从智慧的角度来考察人性的重要原因之一[38]。

二是对冯契如何理解自我、阐释自我的问题研究。有学者指出，"自我"是"智慧说"研究的主题之一，冯契从智慧的角度考察自我，强调在认识世界的同时认识自己，并将自我看作是由自在到自为的过程。在这一讨论过程中，冯契给予自我以明确的概念界定，心灵与德性作为自我认识的内容，构成自我概念的内涵。从观念史的角度考察自我，冯契将自我观念古今变迁看作是由单一的道德自我向独立而全面发展的个性自我认同的转变，并通过对中国传统价值学说的争论和近代价值变革的考察，提出了合理的价值体系的基本原则与"平民化"的自我观念[39]。

8. 关于冯契心性论、人性论的研究

一是对冯契人性论研究范式的探讨。冯契将宇宙人生的认识智慧与理想人格的培养紧密相连，使得人性的发展与理智和情感相结合，也就是将本体论与价值论相结合。基于此，有学者指出，如果从研究范式的角度看，冯契在这

㊱吴根友：《一个二十世纪中国哲学家的做人理想——冯契"平民化自由人格"说浅绎》，《学术月刊》，1996年第3期，第46–49页。

㊲吴根友：《冯契"平民化的自由人格"说申论》，《哲学研究》，1997年第11期，第35–41页。

㊳王向清：《冯契对怎样认识自我的探索》，《湖湘论坛》，2011年第2期，第51–58页。

㊴李妮娜：《冯契论"自我"》，《华东师范大学学报（哲学社会科学版）》，2017年第6期，第20–27页。

里提出了两种不同的方法：一种是广义的认识论，另一种是价值哲学……这两种方法的互补，就是研究人性和人的自由的研究范式[40]。可见，研究冯契的人性论，需要将两种方法相结合，从广义认识论与价值哲学相统一的视角来展开。

二是将自由个体视为具有本体论意义的存在来阐明冯契的人性论观点。有学者指出，冯契"智慧说"把"自由个体"视作具有本体论意义的存在，认为这是中国现代哲学本体论的一个创造性说法。并从三个方面展开论述：一是自由个体作为本体并非先天的设定或呈现，而是在现实生存活动过程中逐渐生成的；二是自由个性之本体论意义的生成基于充分的认识论展开过程，而非神启式呈现；三是人自身内在多重性的释放与世界之多层性的开放彼此相应，消解某种单一实体对人和世界的囚禁[41]。

三是研究冯契对中国哲学史进程中具有代表性的哲学家的人性论阐发。如有学者就对冯契关于王夫之哲学的书写展开了研究。并认为通过对冯契关于王夫之的哲学书写的考察，我们可以看出冯契的哲学史研究与哲学理论建构之间的史思互动的过程：《中国古代哲学的逻辑发展》从初稿到刊行本的加工完善与《逻辑思维的辩证法》的撰写同步，二者之间存在复杂微妙的互动关系；冯契对王夫之"成性说"等方面的独到阐发逐渐从哲学史意义上的研究对象转变为"智慧说"内部的有机构成部分。"成性存存，自由之门"，王夫之的"成性说"是冯契人性论的重要理论来源之一[42]。

9. 关于冯契学派的研究

一是冯契与清华学派。有学者指出，清华学派是冯契哲学思想的直接源头，研究冯契哲学和清华学派在精神上的内在关联，可以为我们展示其思想的一个重要侧面，并为我们进入其博大精深的思想体系提供一种合理的导引。而冯契学派的形成，则为清华学派的进一步发展提供了新的动力，扩充了新的

㊵何萍、李维武：《从冯契"智慧说"的心性论和人格观看中国哲学的变革之路》，《学术月刊》，2014年第4期，第18–28页。

㊶郭美华、陈昱哲：《论冯契哲学自由个性之本体论意义的三重维度》，《福建论坛（人文社会科学版）》，2021年第4期，第128–142页。

㊷刘梁剑：《成性存存，自由之门——试论冯契对王夫之的哲学书写》，《华东师范大学学报（哲学社会科学版）》，2020年第2期，第26–33页。

血脉[43]。二是冯契学派的形成、发展及影响。方克立（2014）先生指出，冯契学派是中国哲学研究中的马克思主义学派。他从冯契学派的形成、发展、影响等方面就冯契思想对马克思主义哲学的继承与发展问题，以及学术层面马克思主义哲学中国化的进程问题展开了分析与探讨[44]。冯契学派的不断发展和壮大，有利于中国马克思主义哲学研究范式的形成与中国当代哲学理论的构建，能够推动中国马克思主义哲学的进一步发展。

10. 冯契与马克思主义哲学中国化

国内学界普遍认为冯契的“智慧说”哲学体系推动了马克思主义哲学的中国化，是马克思主义哲学中国化的第二次飞跃。一是冯契对马克思主义哲学中国化的贡献。这里主要指的是学术层面的马克思主义哲学中国化[45]。如对马克思主义认识论、逻辑学、文化哲学、自由理论、理想学说、人的本质理论、人格理论等的丰富和发展。有学者指出，冯契对马克思主义哲学中国化的贡献体现在两个方面：其一，将马克思主义哲学放在中国的文化背景下进行研究，以一般性与个别性、普遍性与特殊性的辩证法为路径，阐发了中国的马克思主义哲学的理论内容和形式，彰显了中国的马克思主义哲学理论的独特风貌；其二，从中国近代哲学革命的进程中考察马克思主义哲学中国化的历史背景和理论背景，揭示了中国的马克思主义哲学传统及其形成的内在机制[46]。二是冯契对马克思主义哲学中国化深层解读[47]。三是冯契对马克思主义哲学中国化的推进[48]。

㊸ 郁振华：《冯契和清华学派》，《华东师范大学学报（哲学社会科学版）》，1996年第2期，第35–41页。

㊹ 方克立：《冯契研究与冯契学派——兼论当代中国的学术学派》，《哲学分析》，2014年第6期，第138–152页。

㊺ 参见王向清：《“智慧”说与学术层面的马克思主义哲学中国化》，《衡阳师范学院学报》，2007年第4期，第13–17页；汪信砚，刘明诗：《冯契对马克思主义哲学中国化的独特理论贡献》，《哲学动态》，2012年第12期，第25–33页。

㊻ 何萍：《冯契哲学的双重身份及其对马克思主义哲学中国化的贡献》，《华东师范大学学报（哲学社会科学版）》，2016年第3期，第35–44页。

㊼ 刘明诗：《冯契对马克思主义哲学中国化的深层解读》，《马克思主义哲学研究》，2013第1期，第141–149页。

㊽ 汪信砚、刘明诗：《冯契对马克思主义哲学中国化的推进》，《山东社会科学》，2012年第9期，第5–12页。

11. 冯契思想研究的其他面相

一是冯契的美学思想。有学者指出，冯契的美学思想是中国20世纪下半叶以来重要的理论成果，其涵盖了认识论、伦理学和价值论等领域，呈现了冯契哲学的智慧之思。我们可以从三个逻辑层面把握其美学思想：一是美的自由如何可能？对这一问题的回答可从“得”与“达”两个层面展开，分别体现在冯契的意境理论和意蕴理论中；二是美的价值如何澄明？这可从美的意义和自由两个存在之维予以思考；三是美的自由何以智慧？则需要探讨美与真善、美与智慧的内在关系。冯契的美学思想具有独特的理论品质和学术价值，展现了从可能之域到智慧之境的理论探索[49]。马德邻（2006）认为，冯契在批判、继承中西传统美学思想的基础上，建立起系统的关于艺术及美学的思想理论，主要内容涉及当代美学研究的三个重大问题：艺术、艺术品和艺术家。艺术或艺术活动就是人与自然、性与天道的交互作用；艺术活动以感性对象作为中介，这种感性对象一定是个性化的、体现了人的个性自由的，因此艺术又是自由的活动，这种自由的艺术活动是将艺术理想化为现实。通过对冯契美学思想的解读，可以发现其中所蕴含的当代价值[50]。

二是冯契的世界哲学思想。国内学术界关于冯契世界哲学思想的研究呈现出三条路径：一是从世界哲学的含义出发，以冯契“智慧说”哲学体系为支点，探寻冯契世界哲学观的方法论基础和发展路径；二是从世界哲学的视域出发，以冯契“智慧说”哲学体系为重要阐述对象，突出知识和智慧的关系，认为冯契的广义认识论贯通了本体论、认识论和价值论，为回答当代中国哲学如何出场、如何成为世界哲学的一部分提供了坚实的理论基础。三是将上述两个方向结合，既探索“智慧说”的世界性意义，又挖掘冯契世界哲学观与“智慧说”哲学体系之间的关联，对冯契世界哲学观的内容、特征及当代价值作出

㊾ 宋丽艳：《论冯契的美学思想：从可能之域到智慧之境》，《江南大学学报（人文社会科学版）》，2020年第6期，第33-39页。

㊿ 马德邻：《艺术：作为理想的现实——论冯契的美学思想及其当代价值》，《华东师范大学学报（哲学社会科学版）》，2006年第2期，第51-55页。

了新探索[51]。

三是冯契的文化哲学。当前，传承和发展中华优秀传统文化需坚持以人民为中心的工作导向，这亦与冯契的文化哲学观不谋而合。20世纪40年代冯契提出“以人民为本位”的观点，主张辩证的文化哲学观，期望人民回归精神家园。而对于如何回归的问题则要在历史中由人民来解决。承继中共中央六届六中全会的指导思想，冯契认为新时期的文化应具备“民族风格”和“中国气派”，唯有如此，才能为百姓所喜闻乐见。实现中华优秀传统文化的继承与弘扬，不仅是为人民服务，而且要以人民为主体，这一点也为冯契所注重。文化在给人民带来幸福感的同时，也要由人民来传承与发展[52]。

需要注意的是，国内学界和国外学界并没有专门来研究冯契人性论的专著，而关于人性论的专著却汗牛充栋，在这简要论述一些具有代表性的作品。

西方近现代人性论的发展史主要是从休谟到康德。休谟的《人性论》一书，着重从人的知性、情感和知识的产生、道德学说等方面阐发了人性条件和人性能力。他将人性论作为其哲学体系的总体性名称，但并没有从中国传统哲学的“性善”“性恶”“性无善无恶”“复性”“成性”等价值论方面对人性论的对象、人性论的道德规范展开具体论述。在笔者看来，休谟的人性论体系，主要从观念出发，通过对空间和时间观念、知识和概念的推断来获得德性之知；强调人的认识能力即知性的作用，而忽视了人的非理性的精神力量即无意识的作用。

中国传统人性论的生成和发展从先秦时期开始，形成了性善说、性恶说、性无善无恶说、性朴说、成性说、复性说等多种观点。徐复观撰写的《中国人性论史》（先秦篇），对先秦时期人性论的生成与发展脉络进行了历史梳理，并分析了当时的主流观点，是一本较为全面的研究人性论发展史的书。可惜的是，他并没有顺着往下写，而是停留在这一时间段。直至现在，仍未有学者

---

[51]参见臧宏：《论冯契的世界哲学思想》，《学术界》，2006年第6期，第218—227页；杨国荣：《世界哲学视域中的智慧说——冯契与走向当代的中国哲学》，《学术月刊》，2016年第2期，第5—22页；李伏清，刘润东：《冯契世界哲学观及其当代价值研究》，《哲学动态》，2021年第4期，第22-32页。

[52]伍龙：《以人民为中心传承中华优秀传统文化——基于冯契文化哲学观的考察》，《学习与探索》，2020年第2期，第15-21页。

“接着讲”。

随着哲学学科的分类更加精细，关于人性论的研究也呈现出学科化的倾向。如王海明在《人性论》中将“人性论”理解为“伦理学的人性论”，认为人性论就是关于人性事实如何与人性应该如何的科学。在他看来，人性论的研究对象归结为三个部分：人性事实如何；道德的目的和道德终极标准；人性应该如何优良道德(53)。由此可知，人性论在不同学科中所承担和扮演的角色、地位有所区别，但人性论的核心始终关注的是“人之为人、何以成人”的问题。

综上所述，想要建立一个人性论的体系是十分困难的。笔者期望通过对冯契在“智慧说”哲学体系中的人性论思想进行研究，尝试对这一人性论思想进行体系的建构。

（三）国外研究现状

国外对冯契思想的研究主要集中在其“智慧说”即广义认识论和中国哲学史两个方面，但也有一部分文章对冯契的“智慧说”即广义认识论进行了比较有新意的分析和诠释，而没有文章专门讨论冯契的人性论。如有西方学者称冯契的广义认识论是后马克思主义知识论，认为冯契的广义认识论是对马克思主义认识论的创造性补充和扩展(54)。

通过对比分析，笔者发现研究冯契的外文著述，主要分为两种语言：日语和英语。在日语圈，除了高崎讓治（Takasaki Joji）为冯契写过书评外(55)，研究冯契思想的主力是创价大学的樋口勝（Higuchi Masaru）。樋口勝基于比较哲学的视域，运用比较哲学的方法，从价值论、哲学史、宗教论、比较哲学等多个方面，对冯契思想进行了细致的介绍、解释与阐发。其一，樋口勝通过分析冯

(53)王海明：《人性论》，北京：商务印书馆，2005，第28页。

(54)罗亚娜、史丹荔、黄惠美、郁振华：《冯契的后马克思主义知识论》，《华东师范大学学报（哲学社会科学版）》，2016年第3期，第59-69页。

(55)［日］高崎讓治：《書評「中国古代哲学的変遷発展」（上冊）馮契著》，载《研究論集儒学文化》（5），2004-02，pp.188-206.

契哲学中的人道原则、自觉原则和自愿原则[56]，辨析“广义认识论”中的功利原则与功利主义、道德原则中相关概念的区别和联系[57]，揭示了冯契“智慧说”对相对主义和绝对主义的超越——“（冯契）以客观规律和人性相一致为导向，主张统一功利论和义务论。进一步说，在自觉原则和自愿原则、理智和意志的相统一的过程中，确立主体的自律，从而对超名言之域的智慧进行把握。转识成智和理想人格的培养也就得以可能了”[58]。其二，在此基础上，樋口勝通过一系列文章，对比了冯契与牧口常三郎（Tsunesaburo Makiguchi）以及牧口的后继人池田大作（Daisaku ikeda）的思想。他认为，相较“智慧说”，牧口的“真理”概念中没有“具体真理”和“真理性认识”两个方面，对于“绝对真理”两位哲学家也存在着不同的界定[59]。此外，关于冯契与冯契学派的形成和发展，樋口勝曾根据中国哲学史的研究风格，区分出了两派：清华派和冯契派（华东师范大学派）[60]。

通过英文阐释和研究冯契思想的学者有如下三类：第一类是冯门弟子及其再传弟子。陈卫平、童世骏、杨国荣和郁振华运用英语，在诸多英文刊物上积极地介绍冯契“智慧说”理论，阐释其哲学价值。

第二类是旅居海外的华人学者。林同奇、成中英和黄勇在《中国哲学百科》（*Encyclopedia of Chines Philosophy*）、《当代中国哲学》（*Contemporary Chinese Philosophy*）等著作中对冯契思想进行过论述与评价。

第三类学者是对中国思想有一定了解和研究基础的汉学家。如美籍德裔学者墨子刻（Thomas Metzger）和斯洛文尼亚学者罗亚娜（Jana S.Rošker）都在

---

56 ［日］樋口勝：《馮契に見る善と道徳：牧口価値論との比較》，载于《創大中国論集》（7），2004-03，pp.26-38.

57 ［日］樋口勝：《馮契の価値論に見る功利原則》，载于《創大中国論集》（10），2007-03，pp.43-54.

58 ［日］樋口勝：《相対主義と絶対主義の相克：馮契と牧口常三郎の応戦》，载于《創大中国論集》（8），2005-03，p.47.

59 ［日］樋口勝：《馮契に見る価値範疇としての真理：牧口価値論との比較》，载于《創大中国論集》（6），2003-03，pp.49-54.

60 ［日］樋口勝：《馮契に見る中国哲学史研究の方法論》，载于《創大中国論集》（5），2002-03，pp.99-100.

各自著作中论述过冯契思想。墨子刻在分析中国当代学术系谱时，将冯契的哲学理论以及冯契对哲学史的理解界定为“马克思主义”[61]，罗亚娜视冯契转识成智思想为“中国马克思主义认识论”[62]。

综上所述，从宏观层面分析，国内学术界对冯契人性论、与冯契同时期中国马克思主义哲学家人性论的研究主要集中在三个方面。一是从形上层面对人性论中涵盖的概念与观点（人的本性、人的本质、人的需要、人的发展等）进行提炼与升华，二是从形下层面对人性在对社会发展和历史进步产生的影响进行总结，三是将形上层面与形下层面相结合对人性论产生与发展的历程进行总结与分析。而关于冯契人性论的研究则缺少整体性和综合性。国外学术界对冯契“智慧说”哲学体系的研究主要是从其整体性出发，分析“智慧说”哲学体系对马克思主义认识论的创新性继承与发展，认为冯契提出的广义认识论是后马克思主义知识论，而关于冯契人性论的研究则较少出现。

从微观层面分析，国内学术界对冯契人性论的研究分散在心性论、理想学说、自由理论、平民化自由人格、人的本质理论等方面，没有形成一个具有严密的、成建构的理论体系来探讨冯契的人性论。这就使得关于冯契人性论的研究缺乏整体性和总体性。为了尝试化解这一困境，笔者从冯契的广义认识论即哲学元理论的构建来对冯契的人性论思想进行探讨和分析。由此可知，从微观层面来看，国内学术界关于冯契人性论的研究主要分散在其人的本质理论、自由观（自由理论）、理想观（理想学说）、“四界说”“平民化自由人格”等主要方面。目前还没有论文或专著将冯契关于人和人性、人的本质理论、自由理论、理想观的论述提炼成人性论思想和建构出人性论体系来进行研究和探讨。国外学术界对冯契“智慧说”哲学体系的研究虽然主要集中在广义认识论方面，但也对冯契关于理想人格培养的论述、德性自由和自由德性的养成等问题展开了讨论。这给本书提供了研究空间和研究方向。

---

[61] Thomas Metzger, A Cloud Across the Pacific: Essays on the Clash between Chinese and Western Political Theories Today (Hong Kong: The Chinese University Press, 2005), pp.684.

[62] Jana S. Rš2ker, Searching for the Way: Theory of Knowledge in Pre-modern and Modern China (Hong Kong: The Chinese University Press, 2008), pp.275.

进而言之，本书拟对研究冯契思想的文献以及冯契所发表的期刊文章进行整理与分析，挖掘人性论各个部分（人的本质、人的本质力量、人的需要、人的发展、人的情感等）的相关内容，同时又从冯契的著作中归纳和总结关于人性及人性论的相关论述，从而尝试对冯契的人性论的整体建构进行分析，看其是否构成一个完整的人性论体系，从更为宽广的视域（“广义”人性论视域）来探讨冯契哲学著作中出现的有关人与人、人与自然、人与社会的论述。

此外，在对冯契的人性论展开探讨和分析的过程中，笔者发现高清海的人性论与冯契的人性论存在诸多相似之处，可以作为本书的一个比较对象。在高清海看来，人是多重性、多义性的存在，只要脱离这种多重性、多义性的自身矛盾本性，从一个单一本质去理解人，就会把人抽象化、碎片化，而人的抽象化或碎片化也就是（现实的）人的失落；与此相适应，哲学如果脱离自身特点，无论趋向神学还是趋向科学，都会趋向单一化和绝对化的观点，运用这种观点所了解的就不是活生生的现实的人，而只可能是抽象化的人（或者物化的人，或者神化的人），这就势必造成哲学对人的失落。基于此，为了找回失落的人，有越来越多的学者开始重新关注人性论问题，并在此基础上对“何以成人”问题展开了积极的探索。以冯契的“哲学的人性论”为出发点，探寻人性论在当代中国的发展状况和现实意义，是一种积极而有益的探索。从这一视角出发，我们将能更好地分析人与人工智能之间的关系，探寻培养时代新人的路径与方法，找寻未来“哲学”的发展道路。

三、研究思路和研究方法

（一）研究思路

本书整体上采取“总—分—总”的研究框架，并以问题意识贯串各个章节。本书的第一部分对冯契人性论中的相关概念进行了阐释和诠释，如人性（人的天性和德性）、人的本性和本质、人格（自由人格和理想人格）等，并对冯契人性论的内在逻辑做了梳理和阐发，认为它由哲学的人性论的内在意蕴、人的本质力量的揭示及发展、理想观、自由观四部分构成；第二部分对冯契人性论的主要观点进行了辨析，如冯契提出的哲学的人性论在于揭示人的本质力量及其发展，人性即是人类的本质，人的本质是天性到德性、德性到天性的双向运动过程，平民化自由人格是知意情、真善美的统一等。从而对冯契提出的“哲学的人性论”何以可能、如何可能的问题做出了分析。第三部分是对冯契人性论及其对未来哲学的展望进行分析与总结，把冯契人性论与同时期哲学家的人性论进行横向比较的同时又与后冯契时期哲学家的人性论进行纵向比较，深入挖掘冯契人性论对当代中国哲学的发展及相对于马克思主义哲学中国化而言体现出的时代价值和未来哲学的走向。第四部分对冯契人性论进行整体归纳与总结，分析冯契人性论的理论贡献和局限，以期对当代中国马克思主义人性论的发展提供理论借鉴。

综上所述，本书的研究思路始终围绕四个问题而展开。一是冯契人性论的生成何以可能，二是冯契人性论的提出如何可能，三是冯契人性论的发展应该怎样把握，四是冯契人性论的理论贡献和局限如何阐发。始终在贯彻“问题意识”的前提下，以“问题意识”为导向，对冯契的人性论展开讨论和探究。基于此，本书在采取“总—分—总”作为整体结构的基础上，着重对冯契提出的“哲学的人性论”何以可能、如何可能、发展路径、理论贡献与局限等问题展开进一步的分析与探讨。

（二）研究方法

在本书的研究过程中，笔者利用图书馆藏书、期刊论文、硕博论文等多种文献资源搜集相应资料，在阅读大量文献资料的基础上进行可行性分析，对研究框架进行修葺和完善，选取契合本书的文献资料和素材；同时通过对马克思主义人性论、中国传统人性论、西方近现代人性论和冯契的著作及论文进行研读，掌握该领域的研究成果和前沿信息，力求保证该研究的客观性、真实性。本书主要采用以下四种研究方法：

第一，历史主义与现实主义相结合的方法。笔者通过对历史文献和冯契的哲学著作进行阅读和整理，从而对中、西方人性论的发展作出梳理，结合冯契人性论的生成与发展，进行归纳和分析，并与当代中国的社会现实相结合。例如，对冯契关于中国传统人性论的解读和梳理进行总结和分析，并与他的人性论进行比较和探讨，再结合中国当代马克思主义人性论的相关观点，对中国当代社会发展中存在的某些现象和问题进行分析、批判，即不忘过去、立足当下、展望未来。

第二，以哲学史为中心的观念史研究的方法。笔者通过对不同时代、不同职业、不同学术背景的人的观念进行收集和整理，围绕哲学史的发展和演变而展开研究。从而能够对人性论中出现的如人的本性、人的本质、人的发展、人的自由等观念进行多维度、多角度的分析，能够更好地体现观念史与哲学史之间的关系，发挥观念的力量。有学者指出，“观念史对‘史’的重视，集中在思想史中的重要观念的生成与演变，……则反映了一个民族、一个国家的时代精神和民族精神的变化”[63]。而哲学史对“史”的重视则体现在某一哲学流派在发展过程中思维方式的变革、价值观念的革命两个方面。这恰恰与观念史中对观念变迁的考察具有相通之处。那么，在对冯契人性论展开研究的过程中，采用以哲学史为中心的观念史研究的方法则显得恰到好处。因为冯契提出的“哲学的人性论”，本身就是对中国传统人性论、西方近现代人性论和马克思主义人性论的批判性继承，同时又创造性地构造出了新的观念；既符合观念史重视“史”的传统，又符合哲学史强调的思维方式和价值观念的变革与革命。从这一方面来讲，运用“以哲学史为中心的观念史研究”方法对冯契的“哲学的人性论”展开研究，能够更好地呈现其变化过程和发展路径。

第三，“照着讲”与“接着讲”相结合的研究方法。首先是“照着讲”。本书以冯契的人性论作为研究对象，对冯契人性论中的主要概念界定、冯契人性论的主要内容展开分析和探讨。其次是“接着讲”，笔者通过对冯契人性论的主要观点进行辨析，论证冯契提出的“哲学的人性论”如何可能、何以可能，并进而阐述它与“智慧说”哲学体系的关联。最后，本书尝试将“照着讲”与“接着讲”相结合，对冯契人性论中的相关概念、观点进行展开分析；进而阐述冯契人性论与“智慧说”哲学体系的关联，对未来的“哲学”与哲学的“未来”进行展望，总结和分析冯契人性论的理论贡献与局限性。

第四，哲学元理论与形上智慧和实践智慧相结合的研究方法。也即冯契哲学研究进路中采用的“史”“思”之合的研究方法。一方面，冯契的广义认识

---

[63] 李维武：《关于“以哲学史为中心的思想史研究”的再思考》，《中国高校社会科学》，2018年第6期，第69–70页。

论即“智慧说”体系的形成，是由哲学史到哲学元理论、哲学元理论再回归于哲学史问题构成的螺旋式反复过程所呈现的结果；另一方面，冯契提出的“哲学的人性论”的观点，也是对哲学史与哲学元理论的融合和创造性展开。在这样的过程中，形上智慧和实践智慧的分野不可避免，但我们要关注的是如何将形上智慧和实践智慧紧密结合，怎样使其具备具体性和时代性。同时，借助这一实现过程，探寻以人的认识的实践活动为基础的感性对象性活动如何将形上智慧与实践智慧相联结。

四、创新及不足之处

（一）本书可能的创新点

1. 研究思路的创新

本书尝试从哲学与哲学史相结合的角度对冯契人性论进行研究，并尝试对冯契关于人性及人性论的相关论断和论述作出新的定义和阐释。基于此，形成一条“新”的研究思路：在整体上采用冯契人性论的生成何以可能、冯契人性论的提出如何可能、冯契人性论体系的建构何以可能、怎样发挥冯契人性论在中国当代哲学理论构建和社会发展中的作用的一条逻辑延展道路的研究进路。

2. 研究方法的创新

本书提出两种新的研究方法：一是以哲学史为中心的观念史研究的方法。哲学史与观念史之间会出现贯通、交叉的情况。从哲学史与观念史的联系着手，可以扩展中国马克思主义哲学的研究空间。本书尝试以冯契人性论中关于人性、人格、人的本质、人的本质力量等观念的发展为主线，探讨中国近现代哲学转型时期和当代中国哲学发展过程中人性论所起到的作用，并尝试解答人性论的构建与发展是否能够推动原创性哲学体系构建的问题。

二是哲学元理论与形上智慧、实践智慧相结合的研究方法。本书尝试将冯契人性论中关于性与天道和理想人格如何培养等形上视域与人性在人的实践活动中产生的相关作用等形下视域相结合。一方面，有利于推动形上智慧向实践智慧的转换与转化；另一方面，有利于深入挖掘人性（尤其是人的本质力量）在人类实践活动（感性实践活动和社会实践活动）中所起到的作用和扮演的角色。真正实现实践智慧与形上智慧的结合，针对形上智慧与实践智慧存在分野的问题找到相应的解决方案。

3. 观点的创新

本书尝试以冯契提出的观点——“哲学的人性论在于揭示人的本质力量及其发展”为中心出发，得出“冯契人性论”这一“新”的论题。冯契的人性论包括人的本质力量的揭示及其发展、理想观、自由观等方面的内容，并尝试对其关于人性论的主要观点进行辨析，从而论证冯契提出的“哲学的人性论”具有科学性和可行性。

其一，冯契的人性论是对未来的“哲学”和哲学的“未来”的一种展望。冯契构建的“智慧说”哲学体系，意在打破名言之域和超名言之域的界限，解决人文主义和科学主义的内在紧张，探寻知识和智慧的内在逻辑关联，是马克思主义哲学中国化进程中的原创性典范。冯契的人性论正是其广义认识论即“智慧说”的基础之一，起到了联结本体论、认识论、价值论、伦理学的纽带作用，为实现知识到智慧的飞跃贡献了力量。在他看来，未来的“哲学”和哲学的“未来”理应重点关注人类实践活动在本然界、事实界、可能界、价值界中所产生的作用。

其二，冯契的人性论是以马、中、西人性论为基础的融合创新，是一种“广义”人性论。在笔者看来，冯契的人性论是在对马克思主义人性论、中国传统人性论、西方近现代人性论进行批判、吸收、创新和发展的情况下形成的，具有时代性、民族性、世界性的特征。

其三，冯契的人性论通过认识过程的辩证法、逻辑思维过程的辩证法（辩证逻辑思维），将人在化“自在之物”为“为我之物”的过程中，与自发到自觉、自在到自为的过程相结合；从而能够沟通和结合冯契的“两化”（化理论为方法、化理论为德性）理论，达到性与天道的统一；探寻人性与人的自由、人性与人的理想、人性与人的智慧的内在联系，进一步推进中国马克思主义人性论体系的构建与发展。

其四，人与世界的否定性统一（世界统一原理和发展原理、性与天道的天人合一法则）仍然是解决当代社会、国家、民族之间文明冲突的理论基础，而其中人的本质力量的揭示及其发展是推动人类实践活动走向更为宽广的界域的重要动力。同时，我们也不能忽视中国当代哲学的发展方向，即从对智慧的双重扬弃到向智慧回归的格局和趋势[64]，而这一过程也正是向人性论传统的回归。

（二）本书存在的不足之处

在“智慧说”哲学体系中，冯契对人性论的整体性概述并不多，只是将人的本质力量的揭示及其发展视为“哲学的人性论”的本质核心。本书更多的是基于这一观点的展开性来探讨的，难免存在理解上的偏差。这就导致本书存在以下不足之处。

一是没有对冯契人性论的理论来源和时代语境进行展开分析，而是从概念出发，对冯契人性论的相关观点进行整理、分析，尝试从体系建构的层面对冯契人性论进行整体性探究。但在尝试进行体系建构的过程中，由于缺少对冯契人性论的理论来源和时代语境的分析，导致哲学史与哲学元理论的结合不够紧密。

二是对冯契人性论的理解和相关资料的运用存在一定的偏差，导致某些观点的形成比较牵强，缺乏较强的说服力。使得本书的部分章节存在前后连贯性不紧密的情况，需要进一步修改和完善。在后续的研究中，笔者将努力克服这种不足，进一步揭示冯契人性论中存在的本体论与认识论、价值论、伦理学的内在一致性。

三是受困于学术能力和现有的学术争议，没有对马克思主义人学和马克思主义人性论进行区分。导致书中的部分内容存在马克思主义人学和马克思主义人性论的交叉，这是笔者在后续的研究中需要注意的问题。

四是整体的研究框架仍没有办法完全囊括冯契人性论的主体内容。本书采取的是纵向的研究框架，没有对冯契人性论进行横向的剖析，将其划分为几个具体的部分分开探讨。在后续的研究中，将进一步完善现有的研究框架。

---

[64] 杨国荣：《世界哲学视域中的智慧说——冯契与走向当代的中国哲学》，《学术月刊》，2016年第2期，第5-22页。

第一章　冯契人性论中的主要概念界定

在冯契看来，“理智并非‘干燥的光’，认识论也不能离开‘整个的人’……而且要求得到情感的满足”[①]。一方面，冯契认为研究认识论不能仅限于知识、理论，而要研究智慧的学说；更应尝试将认识论与本体论、价值论相贯通，从更为宽广的视域去探寻近代认识论的四个问题[②]。基于此，冯契在“智慧说三篇”中对理想人格如何培养的问题特别重视，而人性论作为研究此问题的基础之一，自然也是冯契广义认识论中的一个重要内容。另一方面，冯契指出，“人不仅探究自身的本质力量，……同时又是人的本质力量（天性化为德性）的自证和自由发展”[③]。哲学理论不仅要化为思想方法，为自己的活动、研究领域所贯彻，而且要通过知行合一的路径，化为自己的德性。基于此，对冯契“智慧说”哲学体系中蕴含的人性论思想进行深入的探讨与分析，显得尤为重要。

从整体上分析，冯契人性论中的主要概念有人性、人的本性和本质、人格。在这些总概念下，又分成几个属概念，如天性、德性、人的本性、人的本质等。在笔者看来，冯契对人的天性和德性进行界定和阐释的过程，借助了马克思等哲学家对“人之为人”的最普遍定义，同时又进行了新的诠释和补充，可以说是对马克思主义人性论、中国传统人性论、西方近现代本质主义和存在

①冯契：《〈智慧说三篇〉导论》，《冯契文集》（增订版）第1卷，上海：华东师范大学出版社，2016，第6页。

②近现代认识论的四个问题，即感觉能否给予客观实在、普遍必然性科学知识何以可能、逻辑思维能否把握具体真理、自由人格（理想人格）如何培养。

③冯契：《认识世界和认识自己》，《冯契文集》（增订版）第1卷，上海：华东师范大学出版社，2016，第289页。

主义人性论中相关概念的批判吸收和发展。

一、人性

冯契从人性的定义出发，将人性划分为天性与德性两个部分，同时又涉及心与性、性与天道的关系问题。基于此，笔者将从天性、德性，心与性、性与天道的关系问题，来探讨他对人性概念的界定。

冯契所讲的“性”，仅限于人性，包括人的天性与德性[④]。《论语》说：“夫子之言性与天道，不可得而闻也。”（《论语·公冶长》）其中与“天道”相对的“性”即指人性。在冯契看来，“人性是一个由天性发展为德性的过程，它和精神由自在而自为的过程相联系着”[⑤]。也就是说，“人性凭着相应对象（为我之物）由自在而自为地发展，并且在儒道合流中，包含着存在与本质相统一的思想”[⑥]。因此，“我们要把人看作一个个完整的、有血有肉的生动的个体，否则就不会有同情的了解，就不会真正地尊重他（她）”[⑦]。换言之，我们在对待每个个体时，不仅要从整体上来把握每个个体的共性，也要对不同个体的个性展开深入的探索，做到个性与共性的辩证统一。

进而言之，冯契认为从哲学上研究人性论问题，首先要重视性与天道的关系，并把它看作是一个本体论和认识论相统一的问题。“本体论的研究是要求把握具体真理的，……我们着重从智慧的角度来考察人性的问题。”[⑧]而真正从

④冯契在“智慧说”中提到的“性”，特指人性。冯契是以认识世界和认识自己为起点来诠释认识过程的辩证法以及逻辑思维的辩证法，追寻知情意、真善美相统一的价值境界。在这个过程中，冯契用本体论作为认识论的依据，探讨了人性在人的认识过程中的作用，极大地丰富了传统人性论的视域。

⑤冯契：《认识世界和认识自己》，《冯契文集》（增订版）第1卷，上海：华东师范大学出版社，2016，第283页。

⑥冯契：《人的自由和真善美》，《冯契文集》（增订版）第3卷，上海：华东师范大学出版社，2016，第159–160页。

⑦冯契：《认识世界和认识自己》，《冯契文集》（增订版）第1卷，上海：华东师范大学出版社，2016，第287页。

⑧冯契：《认识世界和认识自己》，《冯契文集》（增订版）第1卷，上海：华东师范大学出版社，2016，第287–288页。

本体论来展开人性论研究，情况则有些不同。在注意共性的同时，也要突出个性。换言之，我们要从本体论与人性论的关系、人道与天道的关系、性与天道的关系来展开对人性论问题的考察。进而言之，研究人性及人性论的问题亦是研究性与天道的问题，更是研究智慧如何使人性充满理性的光辉，并引导人的本质如何从天性到德性，德性复归为天性。

（一）天性

中国传统哲学中关于天性的阐述可以划分为以下三个层面：一是天命谓之性，即将天性视作与生俱来的人的本性，并认为它是一种善良的本性。二是习与性成。此观点认为人性随着社会的发展和历史的进步而不断发展、演变，在不同历史阶段被赋予了不同的内涵。而天性作为人的本质属性之一，不存在性善、性恶之分。三是认为人性是恶的，它要经过道德教化，在性与天道的交互作用中不断获取德性之智，养成符合道德规范的德性。换言之，人性是先验和后验的结合，天性作为人性的一部分，本身是恶的，要化性起伪，不断改善其内涵。冯契在批判、继承中国传统哲学中关于天性的论述的基础上，结合西方哲学与马克思主义哲学的观点，对“天性”展开了进一步阐发。

首先，天性是人先天具备的、在人化的自然中形成的具有独特性的品质或性情。在冯契看来，天性是具有一定先验性的，它在其精神本性上不以人的意志为转移，是人与生俱来的内在精神力量。但它又受到人的德性的影响。质言之，人的天性不完全等同于人的德性，它受制于人的认识能力和劳动能力，同时也受到情感、意志的影响。从这一方面来讲，人的天性存在与人的德性相统一的条件。

其次，人类不断认识自己和认识世界的实践过程，就是人的天性不断转化为人的德性，人的德性又复归天性的过程。这看似是一个循环往复的过程，但其实是转化所消耗掉的“能量”，不断影响其发展的过程。这一部分能量可以说就是人的本质力量，它决定了天性向德性的转化速率，同时也间接证明了人性是不断发展变化的。基于此，人的天性受到复归于自然的德性的影响，从而使每个个体从人化自然中获取的“天性”，理应是有区别的。但从整体上来看，天性又是由人的本性所决定。因此，人的天性在认识自己和认识世界的过程中，对每个个体来说展现为不同的形式、形态，但其内涵是相对统一的，也就是说天性中包含着个性和共性辩证统一的“人之为人”的本质特征。

由此可知，人的天性也是个体与类的辩证统一。天性最早是见于《阴符经》中的一个概念，被阐释为人的先天属性。告子说“生之谓性”（《孟子·告子上》），认为有生命的都有其性，生物都有其天性，即自然的禀赋。它是一种内在的精神属性，但又是人的感性实践活动中必不可少的一部分。在某些语境中，天性可以等同于天赋和天分。不同的个体之间，既存在不同的德性，也存在不同的天性。同时，冯契在研究人性问题时指出，天性是要向德性转化的，德性也会向天性复归。因为天性作为自然人和社会人的固有属性，只能决定每个个体的先天潜能和潜力，而无法决定每个个体在发育和成长过程中取得的阶段性进步和最终的成就。笔者按照冯契的观点来分析，在德性复归为天性的过程中，天性受到德性的影响，是会被慢慢改造的，因而人的天性不完全等同于人的本性。

最后，人的天性向德性的转化是一个必要过程，同时也是一个偶然性过程。在冯契看来，人的天性决定了“人之为人”的本质属性的优劣，而人的德性的好坏则影响到人的天性的进一步转化与发展。一方面，人的天性经过实践、认识的过程可以发展为人的德性，并逐渐养成自由的德性，完成德性的自证；另一方面，人的德性的培养过程和结果，受到天性的影响和制约。这种制约和影响可以在身体、精神上决定人的发展方向，但不会过多地影响到人的发展目的与发展结果。换言之，人的天性在先天赋予上决定了人的禀赋和天赋，但通过后天的努力可以培养成良好的德性。不可否认的是，人的天性决定了人的德性的下限，人的德性的优劣也能够体现出人的天性的善恶程度。二者是相互影响的关系。

（二）德性

德性是中国传统哲学和西方哲学中常用的一个重要范畴。在中国哲学史上，有许多著名哲学家曾对德性的产生、表现形态进行过激烈的论争，但大多认为德性是在后天培养中形成的。而在西方哲学史中则将德性理解为“德性之知”，认为德性始终与人能够获取的知识相联系，同时具有一定的先验性。如休谟、康德就将“德性之知”与人的认识活动联系在一起，肯定人的德性能够激发人的本性和潜能，能推动人类的认识能力、实践能力得到进一步发展。冯契作为一位学贯中西的哲学家和哲学史家，汲取了中国传统哲学和西方哲学中关于“德性”观念的合理性因素，又在此基础上对“德性”进行了新的阐发。

首先，冯契强调，“人根据自然的可能性来培养自身，来真正形成人的德性”⑨。并认为“真正形成德性的时候，那一定是习惯成自然，德性一定与天性融为一体了”⑩。真正要成为德性，德性一定要复归于自然，否则它就是外加的东西，那就不是德性了。换言之，德性一方面是人的习惯的养成，一方面又成为人的道德品质的重要评判标准。从这方面来讲，人的德性的形成与培养，需要通过德性与天性的融合来实现，德性是人的习惯使然，是能够复归于自然的。也就是说，冯契将人根据自然的可能性来培养自身的过程中形成的良好品质视为人的德性的一部分，认为德性向自然的复归受到人的天性的影响。

其次，冯契断言，人类利用意识与实践的交互作用，使天性发展为德性，逐渐提高对自我的认识（囊括对意识主体的自证）。在他看来，主体意识与主体自我息息相关，人们可以根据人性来发展德性。并在这个过程中，不断揭示自我的本质力量。也就是说，人的德性的发展受到人性的影响。而冯契所说的人性，既指天性，又指德性，是天性和德性的辩证统一。在他看来，人的天性能够发展为人的德性，而人的德性又逐渐复归于自然之域（天性）。正是这样的循环往复过程，铸就了德性之智，使人的德性具有能够自证和自我发展、完善的功能。

进而言之，冯契为了让德性能够自证，用“化理论为德性”的方法来诠释如何将理论化为德性的过程。他指出，哲学理论不仅要通过“化理论为德性”来变成自我的德性，更要让哲学理论中所蕴含的原理、方法等能够内化为自我的品德、修养，提升自我的德性之智。从而在德性复归于自然（转化为天性）的过程中使人获得更好的内在品性和素养，更好地在人化的自然和人的自然化

---

⑨冯契：《认识世界和认识自己》，《冯契文集》（增订版）第1卷，上海：华东师范大学出版社，2016，第313页。

⑩冯契：《认识世界和认识自己》，《冯契文集》（增订版）第1卷，上海：华东师范大学出版社，2016，第313页。

中探寻人生真谛。冯契指出，外在的自然打上了人的烙印，人能从中直观自身，此即美感。与此同时，人在创造价值、人化自然的过程中，人的内在的自然也得到了改造、发展，人的天性也就变成了德性。我们通常说某人有美德，就是指人的内在的自然合目的地（合理地）得到改造、发展。

再次，在冯契看来，德性与人的本质存在着密切的联系。他将人的本质看成是从天性中转化过来的一部分德性，并将其作为区分人和动物的一种标志。也就是说，冯契认为人的德性在特定条件下可以被解释为人的本质，而人的本质在特定语境中又可以被界定为人的德性。一方面，人的本质以人的德性为一定参照，人的德性的好坏决定人的本质的优劣。我们不能忽略人的本质来谈人的德性，也不能完全从人的德性的好坏来分辨人的本质的优劣。另一方面，人的本质是共性和个性的统一，不能忽视自由个体的本体论意义。养成自由的德性的基础就是让自由个体具备自由个性。基于此，德性的养成不仅受到人的本质优劣的影响，而且要符合现代本体论的研究路径。

最后，依据冯契的观点，人的德性不仅指人的道德品行，即德行；还包括在自觉和自愿原则相结合的情况下，必然之理和当然之则相互耦合的伦理道德行为及伦理道德行为准则。这种伦理道德行为及伦理道德行为准则包括多方面的内容。如人的伦理道德行为要符合相应的法规；人的伦理道德行为准则要适用于相应的道德规范。在他看来，这种伦理道德行为及伦理道德行为准则，就是伦理学中所强调的人的德性。在一定范围内也可以称之为哲学视域中的德性。这种德性可以由哲学理论转化而来，可以说是自然的人化和人的自然化过程中产生的对个人的认识和评价。

此外，冯契对德性之知（智）与自由的德性的养成之间的关系也进行过探讨。在他看来，德性之知（智）、德性的自由和自由的德性决定了人的德性的养成和“平民化自由人格”的培养。由此可知，冯契认为德性之知（智）、德性的自由、自由的德性之间存在相互促进、相互影响的关系。其中德性之智是德性的自由、自由的德性能够形成的前提和基础，德性的自由或自由的德性是德性之知（智）能够养成的重要根据和保障，两者是相互激发、相互促进的。基于此，有学者指出，冯契提倡的这种“德性”，不仅有主观的体验，也有客观的表现，是通过德性实践而获得的“德性之智”，从而达到了知情意和真善美的统一[11]。由此可知，冯先生所言的德性理论，既是一个极富有洞见的道德探究范式，也是一个在实践中不断确证和完善的伦理学方案[12]。

那么，人的天性与人的德性、人的本性之间存在着怎样的联系与区别呢?在冯契看来，人的本性是指人作为“类存在物”的“类本性”和作为个体存在的“个体本性”的辩证统一，既包含人的自然性，也指人的社会性。人的德性是根据自然的可能性来培养自身的过程，体现出自然的人化和人的自然化的辩证统一，即在感性实践过程中主体（个人）由自发到自觉，客体由自在到自为的过程。依据冯契的观点，人的德性不断向天性复归，天性又不断转化为人的德性。在这个过程中，人的天性和德性在某一环节中有可能达到统一。因此，人的本性在特定条件下等同于人的天性。但是它们都有别于人的德性，同时又受到人的德性的影响。换言之，人的本性受到人的天性和德性的共同影响，并随着天性的不断发展而产生一定的变化。这种变化是非常微弱的，却在人的感性认识活动中却起到非常重要的作用。

综上所述，冯契认为，“人性就是指人类的本质，而就个体来说，既指天性，又指德性”[13]。人总是要求走向知情意、真善美相统一的理想境界，这种境界不是空洞而虚幻的形而上学领域，而应是以人类实践活动和实践智慧为支撑的更为具体和广阔的形上与形下相结合的自由之域。换言之，人的天性与德性的辩证统一，正是由必然之域通向自由之域的基础和条件，二者缺一不可。

（三）心性

冯契在对天性和德性这两个概念进行阐述的基础上，又对心性及心、性的关系展开了论述。在他看来，“心”“性”这一对范畴包含着两个方面的内容。一是心灵和人性的关系，二是心性论与人性论的关系。冯契指出，心、性都是可以作为本体和主体的。以心为主体，则性为客体，即心体性用；以性为主

⑪陈来：《冯契德性思想简论》，《华东师范大学学报（哲学社会科学版）》，2006年第2期，第38–44页。

⑫付长珍：《论德性自证：问题与进路》，《华东师范大学学报（哲学社会科学版）》，2016年第3期，第137–144页。

⑬冯契：《逻辑思维的辩证法》，《冯契文集》（增订版）第2卷，上海：华东师范大学出版社，2016，第142页。

体，则心为客体，即性统心灵。他在论述“心”“性”及其关系时，并没有对“心”“性”这一对范畴作出单独的说明和界定，而是将其放在“心性”关系等概念中，以它们之间的关系来论述“心”“性”这一对范畴。

首先，冯契认为，心指“心灵”，性指“人性”，心、性也就是指心灵与人性。但这其中又包含三组对应关系。即心与性、心灵与人性、心性与人性。心，在日常用语中意义很复杂。这里把它作为哲学范畴来讲，是相对于物质、存在而言的。心灵一般是指精神主体、意识主体——但在不同的哲学家那里、在不同的哲学体系里，含义也不同。正是如此，冯契没有沿着已有的传统思路对“心”“性”及其关系展开分析，而是另辟蹊径，将“心”和“性”都进行了特指，缩小了它们的范围。

其次，冯契将“心”一词的范围进行了界定，用来专指人的心灵——人作为精神主体的自我。它体现出人脑的作用、激发出人脑的功能，是生命发展与特殊的物质运动相结合的产物。随着人类对自然界认识的加深，以及历史的发展与社会的进步，人性和人的灵明觉知之心得到快速发展，“心”“性”关系也得到了充分发展。冯契认为，随着人类对自然界认识的加深和社会的进步发展，人的灵明觉知之心在发展着，人性在发展着，心性关系也在发展着。这是个曲折的矛盾过程，而其总的演进方向，是人的本质力量由自在而自为，以至实现由必然王国进入自由王国的跃进[14]。以上是冯契在心性论上的基本观点。沿着这个基本观点出发，他对“心”“性”及其关系展开了进一步的分析与探讨。

再次，冯契断言心灵的本质特征在于灵明觉知。认为觉（意识）和知（认识），是心的灵明的体现。可以说，明觉是心灵存在的一种意识状态。我们讲心灵是精神主体，特别是指有意识的主体。“人有意识即有所觉、有所知，就是说主体有认识，并且意识到自己有认识。”[15]人的精神活动，包括有意识的精神活动和无意识的精神活动。后者属于人的本能的精神活动，它是强劲有力

⑭冯契：《认识世界和认识自己》，《冯契文集》（增订版）第1卷，上海：华东师范大学出版社，2016，第289页。

⑮冯契：《认识世界和认识自己》，《冯契文集》（增订版）第1卷，上海：华东师范大学出版社，2016，第285页。

的。而唯有当人的心灵察觉到那种被意识照亮的无意识的精神活动时，人才会真正地注意到它，甚至是研究它，并由此真正进入意识领域，逐渐转化为真正的意识。因此，意识与无意识之间并不存在固定的界限，出于本能的无意识的力量一旦被察觉就是进入意识领域了。

最后，冯契推断心灵结构的复杂性体现在：主体对认识的领会和运用；意识中包含的意志、情感等非理性因素，以及它们对人的认知能力的影响。在他看来，知理应划分为广义和狭义两个方面。人与动物共有的感知是广义的知，人类特有的理性思维则是狭义的知。诚然，理论性的活动只是人的认识的一个方面，人的认知还包含了评价。在这里，要将评价与单纯的“认知需要”区分：评价性的认识受到人的需要的影响，与人的意志、情感相关联。冯契断言，人的意识的逐渐发展，使得意志、情感、直觉等非理性的东西变得越来越理性。因为人的意识在作为精神主体参与的感性实践活动中，逐渐形成了实践理性、审美理性，这正是人们意识到上述非理性的东西变得越来越理性的证明。

冯契不仅讨论了“心”范畴，还对“性”范畴展开了研究和讨论。从哲学层面来讲，他认为“性”包括天性和德性，这里所指的“性”主要是以人作为主体和对象而言的人性。但人性又总是与天道紧密相连的，并受其制约，还会随着实践的持续展开和社会的不断发展而逐渐得到完善。实际上，中国传统哲学早就针对人性的实质到底为何进行了长期的追问、讨论和争辩。比如，早在先秦哲学中就有过性善、性恶的论争，宋明时期也出现过成性说、复性说的论争，并且这些论争皆指向人性的实质。冯契认为，人是动物、生物，必然存在动物性和生物性。因此，在考察人性的过程中，要尤其注意人与禽兽之间存在的类的本质和特征上的不同之处。如二者在理性、意识，进行劳动，建立社会制度和凝练道德等方面的差异。

在笔者看来，冯契将心、性的统一作为人的精神主体进行阐发，对“心”“性”及其关系进行了论述，从而得出心和性之间存在着一定的联系和区别。一方面，“心”侧重的是人本身具有的灵明觉知，它通过这种灵明觉知，与“性”联系起来；另一方面，“性”不仅强调人的先天属性，还特别注重人在实践、认识活动过程中养成的德性。由此可知，“心”和“性”既可以作为中国传统“心性论”的统一形式出现，又可以作为冯契人性论中两个不同的概念分别进行界定和展开分析；同时也是冯契心性论的重要组成部分，推动了其人性论的构建与发展。

（四）性与天道

在冯契看来，性与天道的交互作用是心性、人性、天道的交互发展过程，并认为性与天道的关系即天人关系中心性、人性与天道的关系。它区别于人道与天道的关系。人类不断追寻智慧的过程就是在实践、认识活动中把握性与天道的过程，只有真正把握了性与天道、理解性与天道的交互作用，才算真正完成了人类对形上智慧的追寻。基于此，冯契将如何转识成智、如何追寻智慧的过程诠释为如何把握性与天道的过程。

首先，冯契认为，“世界统一原理和发展原理的统一，就是天道”⑯。这是用马克思主义哲学观点来诠释中国传统哲学的直接体现，展现出冯契哲学“以马释中”“中马互释”的特征。进而言之，冯契认为性与天道的交互作用就是人如何运用世界统一原理和发展原理来认识自己和认识世界，并在此基础上“究天人之际，通古今之变”。换言之，对性与天道的交互作用的理解即如何把握性与天道的过程，实际上就是探讨如何让个人（主体）运用世界统一原理和发展原理来认识世界和改造世界的过程。这里还涉及如何获得智慧的问题。冯契将如何把握性与天道视为获得智慧的方式之一，并把真理性认识理解为智慧的一种显现形态。从这个意义上讲，性与天道的交互作用类似于真理性认识的获得，也展现为一个认识的过程，具有过程性，即如何追寻真理性认识并获得形上智慧。

其次，从认识论的视域出发，理解性与天道的关系是解决个人（主体）如何认识世界和认识自己的重要环节之一。冯契指出，性与天道的关系涉及人道与天道的关系，即心物之辩和群己之辩的展开。他既重视传统的天人合一观，又要求在天人相分的基础上推进天人合一。由此可知，“天人相分”“天人合一”是冯契对人道与天道的关系的重要阐述。高清海同样推崇此观点，不过他认为人的本性是“三位一体”的，即天、人、神的共同作用，三者不可缺一而

⑯冯契：《认识世界和认识自己》，《冯契文集》（增订版）第1卷，上海：华东师范大学出版社，2016，第242页。

言其二。从人道与天道的关系来说，冯契认为人道隶属于天道，天道能够制约人道的发展。天道包罗万象，以自然界秩序为主要方面体现了个体发育的规律、人类认识世界和认识自己的规律、人类社会发展的规律，是属于实在性、客观性的意识。但人道与天道又可区分。也即人道包括心性、人性两部分，而天道中所蕴含的人道，是不包括心在内的。由此可知，性与天道的交互作用，是推动人的天性和德性在本然界、事实界、可能界、价值界中得到不断揭示和培养，进而使人的本质力量得到揭示和发展，逐渐认识自己和认识世界的过程。

再次，从价值论的视域出发，性与天道的交互作用是个人（主体）如何促进社会发展和创造自我价值的基点。冯契指出，只有把握好性与天道的关系，才能从有限中把握无限，从相对中把握绝对。也就是哲学形上之维强调的“以道观之”如何实现、如何转化的问题。从人性论的层面出发，性与天道对应的就是人性与天道（人与世界）的关系，即人如何在自然的人化过程和人化的自然环境中运用好世界统一原理和发展原理来认识自我、发展自我。在冯契看来，智慧就是在认识、实践的过程中把握性与天道，“智慧学说，即关于性和天道的认识”[17]。需要注意的是，关于性与天道的理论，儒道两家都不同于佛家“缘起”说。佛教所谓“三法印”，以诸行无常、诸法无我来说人生皆苦，而以涅槃静寂为解脱了苦的最高境界。这样的终极目标，同孟子讲“浩然正气”、庄子讲“逍遥游”那样的自由境界是显然不同的。由此可知，性与天道的交互作用能够产生智慧，这种形上智慧是对性与天道的学说的进一步升华，冯契认为它可以借助佛教的境界说，通过儒道互补来实现。

最后，在冯契看来，“宇宙人生的认识智慧，一方面是关于天道，另一方面是关于心性的认识”[18]。一方面，天道和心性的认识，组成了人对世间万物的认识基础；另一方面，与认识紧密相连，由知、情、意等构成的理想人格，是人性自由发展的价值导向。“中国古代哲学讲理想人格，多有贬低情、意的

⑰冯契：《〈智慧说三篇〉导论》，《冯契文集》（增订版）第1卷，上海：华东师范大学出版社，2016，第18页。

⑱冯契：《认识世界和认识自己》，《冯契文集》（增订版）第1卷，上海：华东师范大学出版社，2016，第247页。

倾向。理学家更讲‘存天理、灭人欲’，发展成了理性专制主义，把情、意、自愿原则完全忽视，把自觉原则推到极端，这严重损害了人性的自由发展”[19]。基于此，冯契在性与天道的学说上，强调自觉原则与自愿原则的统一，培养平民化的自由人格，推动人性的自由发展。

总之，性与天道的关系、性与天道的作用，共同构成冯契关于性与天道的学说。对性与天道的把握，也就是在性与天道的交互作用中追寻真理和智慧，并正确处理性与天道的关系。基于此，智慧作为自由德性的体现，能够内化在人对性与天道的把握中，从而推动人性的自由发展，促进人性能力的提升。

二、人的本性和本质

冯契继承和发展了马克思人本理论的观点，对人的本性和人的本质概念进行了界定。在他眼中，人的本性和本质与人的天性和德性相联系，它不仅展现了“人之为人”的普遍要求，而且突出了人的本性和本质作为人的条件和中国传统哲学中“何以成人”的前提的重要性。冯契将人的本性和本质划为三个部分进行阐释，即人的本性、人的本质、人的本性和本质的关系。其中，人的本性指的是人的自然性和部分社会性，人的本质是指人的社会属性，人的本质力量是人的本质的形象化、具体化。

（一）人的本性

依据马克思的观点，“人的本性是整个自然界的镜子，自然界在这面镜子中可以认识自己”[20]“人只有为同时代人的完美、为他们的幸福而工作，自己才能达到完美”[21]。由此可知，人的本性包括人的自然属性和人在人类社会中的劳动、生产关系（人与人、人与社会的关系）。它是人在自然界中不断发展和变化的本质属性，在人类社会中能够通过人的生产、实践活动的对象性关系

⑲冯契：《认识世界和认识自己》，《冯契文集》（增订版）第1卷，上海：华东师范大学出版社，2016，第303页。

⑳马克思，恩格斯著．中共中央马克思恩格斯列宁斯大林著作编译局编译：《马克思恩格斯全集》（第1卷），北京：人民出版社，2012，第147页。

㉑马克思，恩格斯著．中共中央马克思恩格斯列宁斯大林著作编译局编译：《马克思恩格斯全集》（第1卷），北京：人民出版社，2012，第147页。

显现出来。冯契继承和发展了马克思的观点。在他看来，人之所以为人者，首先，“在于劳动与意识”；其次，在于人的本质在其现实性上是社会关系的总和，“人性是历史地发展着的”；最后，“人类按其发展方向来说，本质上要求自由，在人与自然、性与天道的交互作用中，发展他的自由的德性”[22]。换言之，“人就是一系列行动与事件的总和，他实现自己有多少，他就有多少存在”[23]。进而言之，“人”是自然存在与超自然存在的统一，具有生命和超生命的本质，既是不同于他物肯定自我的存在，又是与万物一体的自身他物存在。也就是说，人是类（普遍存在）和个体（特殊存在）的统一[24]。

首先，冯契认为，人的本性是人之为人的固有属性。在他看来，这种本性是人类所共有的属性，因而是共性，但它在不同的主体（人、个体）身上的表现形式存在差别。如人都具有动物性，都有七情六欲，都能够使用工具和制造工具。但每个人所掌握的程度却是不一样的。人的本性既受到人的天性的限制，同时也受到后天德性的影响。按照马克思的观点，人的本性不仅包含人类所独有的社会属性，而且包括人和动物所共用的自然属性（动物性）。冯契赞成这一观点，并始终站在马克思主义的基本立场上来论述和诠释人的本性这一概念。

马克思的有关于劳动、生产和实践的观点，其最大的意义便是它当中所蕴含的一些原则和方法，极大地推动了人们对于本性的认识和理解。高清海对马克思的实践的观点进行了阐释，认为“要从人之为人的自身根源去理解人、把握人，确立起把人理解为自身创造者的方式；……要从‘否定性统一’的观点去理解人与自然的关系”[25]。

由上述可知，高清海在马克思的实践观点上对人的本性进行了分析和界定。他认为人之为人的本性是从人的自身根源去理解和把握的，要注重将人的

㉒冯契：《认识世界和认识自己》，《冯契文集》（增订版）第1卷，上海：华东师范大学出版社，2016，第324页。

㉓冯契：《哲学大辞典》，上海：上海人民出版社，2000，第192页。

㉔高清海：《转变认识“人”的通常观念和方法》，《人文杂志》，1996年第5期，第1–5+12页。

㉕高清海著，王福生等编：《转变认识“人”的通常观念和方法》，《高清海类哲学文选》，北京：人民出版社，2019，第13–14页。

生存方式、人的生存活动相统一，要把握人的“两重化”特性，从人与世界的否定性统一观点去理解自然。这一论述与冯契强调的自然本性和社会本性有着相似性。一方面，高清海注重以马克思实践思维范式来思考人的本性，认为人是哲学的奥秘，要以人的思考方式来研究人的本性。人的本性并非单一特质，而是两重化、多义性、充满矛盾的本性，人的肯定本质只能实现自身于否定本质中[26]。而冯契则注重从中国哲学传统出发，用“性与天道”的关系和作用来阐释人的本性。另一方面，冯契不仅从马克思主义哲学的观点出发，还将中国哲学、西方哲学中的合理性因素进行结合和运用，展现出较为开阔的理论视野，将人的本性视为自在本性与自为本性的内在统一。

其次，关于人的本性如何把握、人的本性何以可能的问题，冯契从马克思主义哲学、中国哲学、西方哲学三个维度进行了分析。从马克思主义哲学的视域来分析，人的本性包括自然性和社会性，其中自然性是和动物所共有的，而社会性（阶级性、历史性）是人所独有的。也就是说，依据马克思的观点，人的本性既包括人的自然性，又包括人的社会性；其中又以人的社会性（阶级性和历史性）为核心，以人的自然性为基础。进而言之，按照马克思的实践观点，人是从人自身创造性的生存活动中生成为人的；人作为人的所有性质也都是生根于此、来源于此。马克思指出，“个人怎样表现自己的生活，……这同他们的生产是一致的”[27]。这里清楚地表明，人作为人的生存活动，是一种“自由性质”的活动，人作为人的存在本性，是一种“自我规定”的本性，即“自为本性”。

基于此，冯契对马克思关于人的本性的观点进行了继承和发展。在他看来，人的本性最为重要的就是以“人类”来区分人与其他物种、事物的“类”本性。这与费尔巴哈、马克思提出的观点是基本一致的。高清海对此也有类似的观点：“类”本性作为区分人与其他事物的本质属性，具有社会性和发展性的特征，是从人的观点来认识人，超越了以往的“物种逻辑”。冯契在马克思

㉖高清海著，王福生等编：《“人”只能按照人的方式去把握》，《高清海类哲学文选》，北京：人民出版社，2019，第19页。

㉗马克思、恩格斯著，中共中央马克思恩格斯列宁斯大林著作编译局编译：《马克思恩格斯选集》（第1卷），北京：人民出版社，2012，第147页。

关于人的本性论述的基础上，对人的本性（个体本性和类本性）进行了扩充。在他眼中，人的本性既是以人类为整体划分的类本性，又是每个个体之间存在差异的个性，同时也包含自然属性。在此基础上，冯契又将理性和非理性划入人的本性范畴。他认为人的本性理应是感性中夹杂着理性，且受到意识和无意识的本能的影响。换言之，人的本性在无意识状态下特指人的本能、人的潜能。

再次，冯契指出中国传统人性论中对人的本性的诠释主要是从人的自然属性出发，用来区分人与动物。同时，他也对人的社会属性进行了一定的分析，但并不是作为重点。冯契指出，中国传统人性论中关于人的本性的诠释是依赖于天人关系、心物之辩来展开的。一是中国传统人性论中强调人的本性是人的自然属性，人是在自然环境中生成的。在这个语境中，人的本性就是指人与动物共同具备的生物性（自然性）。二是人的本性受到天人关系的影响。人的本性作为一种自然属性，必然会受到自然与社会的关系的影响。天人关系涉及人道与天道的关系，人道与天道是辩证统一的。三是人的本性受到外界环境的影响。虽然人的精神属性是由社会环境和自然环境共同决定的，但人的物质属性无时无刻不受到生产力和生产关系的影响。四是人的本性在其本质上就是心与物的关系。冯契强调的心物关系与中国传统的“心物之辩”有一定的区别。因为冯契始终沿着“实践唯物主义辩证法的路子前进”，将“心物之辩”理解为心灵与人性之间的辩证关系。基于此，在冯契那里，心物关系（心物之辩）不仅指心灵与外界的联系，而且包括心灵与人性的关系问题。他所理解的本体是心本体和性本体的辩证统一，人不能离心而言性，性不能离心而言人。由此可知，冯契强调的是心、性本体及其同一性，二者共同构成心与物的关系、人的本性的条件。由上述可知，冯契对中国传统人性论进行了扬弃，逐渐形成自己的观点来继承和发展中国传统人性论，推动了中国传统人性论的现代转型。

最后，从西方存在主义和本质主义的视角来分析，人的本性首先建立在人的存在基础上，进而又涉及人究竟是先验性或先天性的存在还是后验性或后天性的存在的问题。康德对此提出了三大批判，即纯粹理性批判、实践理性批判、判断力批判，认为人有此在、存在两种状态。西方哲学家们从近代认识论的两个问题：感觉能否给予客观存在、普遍必然性科学知识何以可能出发，对人类认识史的发展和如何认识自己和认识世界的问题展开过探讨。在他们看来，感觉是能够给予客观实在的，普遍必然性科学知识也是可以被认知的。存在主义和本质主义正是从现象和存在来探讨本体论和认识论视域中对人的本性的认识和界定的，但它们忽视了人的非理性的精神力量，过于强调人的“本质存在”，而没有对个人的需要给予足够的关注，最终导致了形而上学的滥觞。

（二）人的本质

人的本质包含哪些内容？过去的哲学家就此提出了不少合理的见地。如墨子讲人要进行耕织劳动才能生存，大致猜测到了劳动是人的本质这一点；孟子说，人之异于禽兽者，在于人有理性，这也有其合理性；荀子说，人都要“假物以为用”，而要做到此点，即要合群，这也有一定的道理。但人的本质的内容的真正揭示，是基于马克思主义的社会实践观点而产生的。

在马克思看来，创造和制作工具，并利用工具进行劳动是人的本质的首要体现；其次，人的劳动受到社会组织的制约，社会制度的产生同样受到劳动的影响，这同样体现出人的本质特点；最后，人的理性在劳动发展的过程中得到发展，它使得劳动逐渐成为自由的劳动，从这个层面来看，理性是人的本质特征的显现。可见墨子、荀子、孟子都说到了人的本质的某个特征，但都是片面的。冯契对马克思主义哲学的观点和中国传统哲学的观点进行了分析和总结，提炼了关于人的本质的看法与观点。

在冯契看来，“人的本质也就是人的essence，我们把它看作是一种从天性中培养成的德性，亦即从人的nature中形成的virtue，它使人与动物区别开来”[28]。也就是说，人的本质被冯契理解为从人的固有的本质属性（天性）中培养出的德性，即经过后天的培养而形成的具有一定功能和价值的人化的自然属性和工具属性，同时也是实践理性、审美理性、理性的直觉等感性实践活动所展现出的精神力量。根据马克思的观点，社会是由个体组成的，而个体的样貌、禀赋又是遗传而来的。个体实际上是生物进化的结果，是在不断的实践当中逐渐演化为如今的样子。当然，遗传不仅给个体带来了刻进基因里的天性，

㉘冯契：《人的自由和真善美》，《冯契文集》（增订版）第3卷，上海：华东师范大学出版社，2016，第31–32页。

而且还为个体的成长和发展提供了一定的可能性，即提供了个体的实在的潜能。而在这个基础上，在实践生活及教育中，个体的天性逐渐地发展为德性，并最终形成人格，从而与动物相区别。因此，人的本质实际上是历史的、发展的过程，而非一成不变的。也就是说，这种发展其实就是人类这个物种中的无数个体由天性发展为德性的过程，更是审美理性、实践理性的具体体现，凭借理性的直觉来推动人的感性实践活动的发展。

首先，依据马克思的观点，“人的本质不是单个人所固有的抽象物，在其现实性上，它是一切社会关系的总和”㉙。这里强调的“一切社会关系”，包括人们在社会实践过程中的交往方式，其中以生产关系为基础。这一关系在阶级社会中表现为阶级关系，但不能认为只是阶级关系。在各种社会结合中，组织、阶级和国家、民族的组合，都孕育其中。也就是说，社会关系中体现出的人的本质，要在社会实践中形成和发展。冯契虽然坚持马克思的实践观点，但他认为人的本质不仅指“一切社会关系的总和”，还包括人的理性和非理性、个性和共性等情感因素对人产生的影响以及人对这些因素的现实反映。

其次，马克思按照人的本质的历史演变过程，把人类历史分为三个阶段、五种形态。第一阶段，原始社会到封建社会，以自然经济为主，其基本特征主要体现在对人的依赖关系；第二阶段，以商品经济为主的社会，此时人已经能够独立发展，同时发展的还有其对于物的依赖性；第三阶段，真正克服了对人的依赖与对物的依赖，进入共产主义社会。在这三个不同的阶段中，人始终不能脱离社会现实（现实性）而存在，只能依赖和运用自然规律和社会条件来满足自身的需要，并在适应现实的基础上，追寻人生理想和人生智慧。基于此，社会关系的总和是人的本质的具体体现，只有自由的个性得到全面发展和养成，才符合人的本质的发展方向。

可以说，这种看法固然是马克思主义的观点，但也是中国近代哲学在演变发展过程中产生的必然结果。但是，唯物辩证法的心性论在理论层面上被中国的马克思主义者片面解读，使它在中国的发展受到了一定阻力。尤其是将阶级性视为人性的表现的观点曾经广泛流传，占据过支配地位，造成过很坏的影

㉙马克思：《关于费尔巴哈的提纲》，《马克思恩格斯选集》（第1卷），北京：人民出版社，2012，第135页。

响。从对人的培养方面来说，中国儒家的传统是强调自觉原则忽视自愿原则，中国的马克思主义者受传统文化的影响，对于自愿原则依然有所忽视。近代一些专业哲学家在心性论上也提出了有创造性的学说，如熊十力“性修不二”的学说、金岳霖“情求尽性”的学说都有其合理因素。但中国的马克思主义者也没有对之进行研究和分析批判，对历史上的心性论也缺乏系统的总结。在冯契看来，人是社会关系的总和，人要求养成自由个性，自由劳动是合理的价值体系的基点[30]。

进而言之，认识和本质相互依存、相互促进的过程，是人的本质的发展在实践活动中的具体体现。于是，我们可以得出：冯契的人的本质的过程论是基于实践的本体论、认识论的统一，更是本质和存在的辩证综合统一，是在实践的过程中人作为精神主体，不断认识世界、认识自己而逐渐走向人的自由、人的真善美的理想和现实不断转化的化境。在冯契广义认识论的视域下，有学者指出，“化自在之物为为我之物的过程；本然界、事实界、可能界以及价值界之间的转化过程；真、善、美的统一和发展；自由的发展和实现”[31]，是人的本质的发展过程的四个方面。

再次，冯契指出，人的本质的发展就是创造价值、实现自由的过程。主体在实践的基础上不断实现自然的人化和人的自然化，也即客体主体化和主体客体化，实现自然的社会和社会的自然的转化，将外在的尺度与内在的尺度融合统一，使外在的自然与内在的自然相结合。在实践中，主体不仅要对当然之则有理性的认识，更重要的还在于把普遍的外在的道德准则及要求等内化为主体的信念、意志和情感等内在意识。基于此，“化理论为德性”通过“凝道成德，显性弘道”的过程，在道德行为中坚持自觉原则和自愿原则的统一，借助德育、智育和美育培养“平民化的自由人格”，从而克服人的本质的异化，达到知意情和真善美的统一，实现人的本质的自由发展。

最后，在人的本质基础上形成的人的类本质和主体意识、意识主体、自由意识紧密相连。人的本质强调的是个人在自然和社会中的最基础的展现形式和

㉚冯契：《认识世界和认识自己》，《冯契文集》（增订版）第1卷，上海：华东师范大学出版社，2016，第306页。

㉛李伏清：《论冯契对人的本质的构造》，《探索与争鸣》，2008年第4期，第71-73页。

形态，而人的类本质则强调人类的整体性形态和存在，两者是个性与共性的统一。冯契在阐释人的本质的同时，也将人的类本质与人的本质联系在一起，认为人的类本质在其自然性上可以等同于人的本质。同时，人的本质也是意识主体的一部分，它可以作为人的自由意识在认识的发展过程中提供主体意识的功能。

综上所述，依据冯契的观点，人的本质是人的自然属性、社会关系的总和，其与人的精神的自由密不可分。换言之，人的本质中具有对自由的向往和追求。此外，人的本质，除了灵明觉知，还包含着一些无意识的和非理性的力量，具有要求劳动以及追求自由等特征。而人的意识，也就是灵明觉知，它要求既要能够把握人性本身，还要能够正确地了解和评价自然界及其秩序。人的意识在把握人性本身的基础上，提升了人对“自在之物”与“为我之物”的理解能力。

（三）人的本性和人的本质的关系

人的本性和人的本质以人的本质力量为纽带，联结人的自然属性和社会属性。冯契强调的人的本性，是自在本性与自为本性的统一。而他提出的人的本质的观点，则是对马克思人的本质理论的继承性发展。两者之间存在以下两种关系。

其一，人的本性和人的本质都是人的本质属性的一部分，构成了“人之为人”的基础性前提。人的本性和人的本质是互为前提的关系。一方面，人的本性决定了人的本质的形成与发展。作为自然属性的人的本性，通过人的本质的运动过程凸显出来。人的本质的运动过程将本然界中的固有存在，转化为事实界、可能界中的自为存在，并进而形成价值界。这在实践活动中揭示了人的本性的具体性和过程性。由此可知，两者互为前提。另一方面，人的本质主要指人在社会性视域下的社会关系。人的本质是对人的本性的进一步概括和总结。这种社会关系决定了人是一种社会性动物，人只能按照人的方式去思考。由此可知，人的本质决定了人的本性由“自在本性”到“自为本性”的转变，同时也使得人的本性成为“自在本性”和“自为本性”的内在统一。

其二，人的本性和人的本质存在内在一致性。人的本性受到人的天性的影响，人的本质受到人的天性和德性的共同影响。冯契认为，人的本性既包括人的自然属性，又包括人的部分社会属性。而人的本质是基于人的社会存在和社会属性而提炼出的抽象性概念。由此可知，人的本性是形成人的本质的基础，人的本质的形成受到人的本性的影响。人的本质经过天性到德性、德性复归为天性的双向运动过程，在复归于自然的基础上又影响到人的本性的生成。那么，人的本性和人的本质存在内在一致性。这种内在一致性体现在：一方面，人的本性是自在本性和自为本性的内在统一，人的本质是将天性转化而来的部分德性，两者在现实性、社会性上能够贯通。另一方面，人的本质基于人的社会属性而生成，强调人的社会存在。而人的社会属性是人的本性的一部分，人的本质的发展离不开人的本性的发展。

综上所述，冯契提出的“哲学的人性论”是建立在对人的本性、人的本质的认识基础上的。只有对人的本性、人的本质有一个清晰的界定和分析，才能对人性、人性论涉及的关于性与天道、人生理想、终极关怀等形上之域的问题展开进一步探讨。在冯契看来，“我们讲‘性’，是指本性、本质。本质表现为现象，本性表现为情态”[32]。也就是说，人的本质和人的本性也就是人与人、人与自然之间存在的现象和人表现出来的情态。接下来，本书将对冯契关于人格的概念界定展开论述。

三、人格

人格是以人性为基础的道德品质和品格。冯契将人格理解为知、意、情的统一体，并认为“理想人格（自由人格）的培养”是广义认识论中获得真理性认识和自由的德性的重要内容。在此基础上，冯契借助自由与理想的关系，对自由人格和理想人格作出了界定。在他看来，自由人格的形成及发展，是培养自由人格的前提和条件。理想人格通过自由人格来显现，理想人格是对自由人格的展望。

（一）人格释义

冯契在“智慧说”哲学体系中，对人格是什么、为什么要塑造和培养理想

㉜冯契：《认识世界和认识自己》，《冯契文集》（增订版）第1卷，上海：华东师范大学出版社，2016，第286页。

人格（自由人格）展开过阐述。在他看来，从现实追寻理想、将理想化为现实的活动的主体是“我”或者“自我”，每个人、每个群体都有一个“我”——自我意识或群体意识（大我）。“我”既是逻辑思维的主体，又是行动、感觉的主体，也是意志、情感的主体。它是一个统一的人格，表现为行动的一贯性及在行动基础上意识的一贯性。人的精神依存于形体，人格作为主体是有血有肉的，不能离开人的言行谈人格。基于此，我们可以从以下三个方面来论述冯契关于人格的相关定义。

首先，冯契指出，人格是知、意、情的统一体。一方面，“我”作为逻辑思维的主体，就是“我思”。它也是康德所说的统觉。康德指出，统觉的原理——整个人类知识的范围最高的原理，它是一切人类知识能够被认识的起点。人们用概念来摹写、规范现实，对对象作出肯定或否定的判断，都是“我”的活动。同时，作为意识的综合统一体，“我思”是获取一切知识的共同的必要条件，只有这个“我”才能把它们统一起来。另一方面，“我”可以通过我与他者、我与实践生成的对象性活动展现出来。也就是说，作为意识综合统一体的“我”，通过“我思”的思维活动过程彰显知、意、情的统一体——人格。

其次，从理想和人格的关系来说，“人格是理想的承担者，理想是人格的主观体现”[33]。理想体现着人的认识、感情等因素，是它们的综合体。也就是说，人格的培养是将理想变为现实的体现。从这一方面讲，人格既是理想的因，也是理想的果。但要强调的是，只有有德性的主体才能够说其有“人格”。人的理想之所以能够实现，往往是由于其在现实生活中合乎规律地生存和发展着，同时也是人的本质力量的对象化、形象化的过程，而人格实际上便是这种本质力量的具体形态。

最后，冯契强调人格是人性的理想形态和载体。人性经过激发和培养，形成自由的人格（理想人格）。在笔者看来，人性是构成人格的基础，它的重要作用就是揭示人的本质力量使其发展为理想人格。在这个意义上，人性的展开、实现与人格的塑造、培养，在其价值追求上是同一的。

㉝冯契：《人的自由和真善美》，《冯契文集》（增订版）第3卷，上海：华东师范大学出版社，2016，第5页。

综上所述，理想是人格的主观体现，而人格是理想的客观化身。一个自觉的、理想的人格，是实现理想的个性。真正有价值的人格是自由的人格。人的自由活动，是从现实中汲取理想，将理想变成现实的过程。如“平民化的自由人格”就是冯契眼中的理想人格，而理想人格的塑造，也即“平民化的自由人格”得到实现。关于如何培养人格、塑造理想人格、实现“平民化自由人格”的问题，将在后文详细探讨。

（二）自由人格

冯契借助王夫之的观点来阐释自由人格，认为“‘我’作为‘德之主，性情之所持’者，便是自由人格”[34]。可见，自由人格是在人格作为有德性的主体这一概念时所赋予其自由的德性而形成的“人格”。由此可知，冯契所谓的自由人格，即“有自由德性的人格”。“在实践和认识的反复过程中，理想化为信念、成为德性，就是精神成了具有自由的人格。”[35]

首先，自由人格的形成及发展，是培养自由人格的前提和条件。一方面，自由人格如同真理一般，是在不断实践的过程中展开和自证的。冯契指出，“理想、自由是过程，自由人格正是在过程中展开的”[36]，即自由人格是化理想为现实过程中，人作为精神主体由自发到自觉，逐渐将“自在之物”化为“为我之物”的条件下形成的具有独立性、真善美统一的“人格”。也就是说，自由人格是可以经过教育等一系列手段加以培养和塑造的。另一方面，自由人格不是具体真理，但又具有具体性和过程性。自由人格经过人作为精神主体的认识世界和认识自己的感性实践活动而不断养成独立自主的优良品格。

其次，自由人格的培养和塑造，是人类认识自己和认识世界的发展方向和价值追求。从基于实践的认识过程的辩证法来分析，自由是目的因、质料因、形式因的统一，自由人格的培养和塑造，离不开人的自由的活动，以及通过自

㉞王夫之：《诗广传·大雅·论皇奕三》，《船山全书》第三册，长沙：岳麓书社，2011年，第448页。

㉟冯契：《认识世界和认识自己》，《冯契文集》（增订版）第1卷，上海：华东师范大学出版社，2016，第30页。

㊱冯契：《人的自由和真善美》，《冯契文集》（增订版）第3卷，上海：华东师范大学出版社，2016，第246页。

由的活动养成的具有本体论意义的自由的个体（自由的个性）。由此可知，自由人格的培养和塑造过程，是人依据现实的可能性，通过认识实践活动逐渐实现自我的过程。这里就涉及本体论、认识论、价值论如何贯通的问题，即冯契的人性论中关于性与天道的认识如何展现为由自在到自为、自发到自觉，怎样揭示人的本质力量及其发展的问题。这个问题的最终呈现形式可以说又回归到冯契广义认识论即“智慧说”关于如何认识世界和认识自己、转识成智的问题上，这点在后文中会进行详细阐述。

最后，自由人格与理想人格存在内在关联。自由人格在其发展性和方向性上不同于理想人格，理想人格是对自由人格的展望，而自由人格是理想人格的实现。这里就涉及自由与理想的关系问题。在冯契看来，自由就是化理想为现实，同时也是“自在之物”向“为我之物”转化的过程，最终形成可以把握和运用的“为我之物”。理想是自由的载体，实现自由也就是实现理想。需要注意的是，自由只是理想实现的一个方面，但哲学中以自由作为终极价值追求来指代“理想”。从理想和自由的关系可以看出，自由人格和理想人格之间也存在同一和斗争的两个方面。同时，也说明自由是理想实现的最终呈现形式和目的，理想是自由的载体。而关于自由与理想的关系问题在后文中会进行详细的分析和讨论。

综上所述，冯契将自由人格视为人格的一种形态，认为自由人格是具有自由德性的人格。自由人格的形成及发展需要实践活动来展开，并不断在实践活动中自证其真诚。自由人格和理想人格是一体两面的关系，它与理想人格既有联系，又有区别。一方面，自由人格依托理想人格而存在，自由人格是理想人格的实现；另一方面，理想人格通过自由人格来显现，理想人格是对自由人格的展望。

（三）理想人格

在冯契看来，理想人格是自由人格的转化，二者之间存在辩证统一的关系。进而言之，理想人格的实现是知情意、真善美不断被统一的过程，这一过程既需要“化理论为方法、化理论为德性”，又要不断地化理想为现实。

首先，理想人格通过自由人格来显现，理想人格是对自由人格的展望。如前文所述，人的本质力量经过对象化、形象化的过程可以形成理想，理想人格的培养在广义认识论视域下等同于自由人格的培养。因此，冯契将理想人格、自由人格的培养放在获得真理性认识即智慧的过程中同时展开。但需要注意的是，冯契在对理想人格和自由人格的概念界定中，对两者进行了区分。他将理想人格视为自由人格的显现形态，自由人格的形成既是培养理想人格的基础，同时又跟理想人格的培养同步进行，成为广义认识论的四个问题中“理想人格（自由人格）如何培养”的问题的展现内容。

其次，“平民化的自由人格”是冯契想要表述的理想人格之一，这种理想人格的形成，也就是自由的人格的实现。平民化的自由人格（理想人格）是理想人格的一种表现形式和展现内容。理想人格在这个语境中可以被诠释为平民化的自由人格，也可以被界定为平民化的理想人格。但理想人格作为理想的承担者，同时也是自由的现实载体。也就是说，“理想人格”不管在实然层面还是应然层面，都包含着理想化为现实——自由的实现，而这种实现既是理想人格的整体实现，也是理想人格个性化（平民化自由人格）的实现。

一方面，理想人格在特定历史语境下等同于自由人格。在冯契看来，理想是知情意、真善美的统一，是人的本质力量的对象化和形象化，推动了人们从必然之域向自由之域的转化。在什么样的特定历史语境下理想人格等同于自由人格呢？理应是在理想已经转化为现实，自由得到充分发展的情况下。在这一特定历史语境下，理想转化为现实的同时，作为理想载体的自由也得到实现。理想最终以自由的方式呈现，而自由将以另一种形态（目的、目标）成为人的下一个“理想”。也就是说，理想人格在这个时间段上等同于自由人格。而自由人格的实现，就是对理想人格展开进一步培养和塑造的开始。

另一方面，理想人格的形成，始终离不开自由人格的培养。冯契对鲁迅提出的平民化的自由人格理想秉持赞同的态度。在他看来，平民化的自由人格理想实际上就是中国近代哲学家们所提出和疾呼的“道德革命”的口号以及“新人”的思想。鲁迅就曾生动地描绘了真实的自由人格，并指出具有那样的精神面貌的人的人格不仅能够做到自尊，同时也能够尊重他人；不仅能够为了多数人的利益而持久战斗，又能够完全没有丝毫的寇盗心和奴才气。要成功培养平民化的自由人格，就要谋求个性的全面发展，就要重视人与自然、主客体之间的交互作用，就要努力实现教育和实践的有机结合。从而完成人生观、世界观的培养和矫正，德育、智育、美育的有效教育及互相融合，以及正确认识集体帮助和个人努力之间的关系。在培养平民化的自由人格过程中，理想人格得以实现，而自由人格又继续转化为人格的理想形态成为理想人格的追求和目标。

最后，有关宇宙人生的、真理性的认识，是智慧的存在形式，它与自由人格、理想人格的培养存在内在关联。正是如此，认识世界既是掌握天道和人道、认识自己的过程，又是获得智慧的过程。我们要在认识自己、认识世界的交互作用中将知识转化为智慧，获得自由人格的德性。

综上所述，冯契“智慧说”中关于“人性、人的本性和本质、人格”等概念，是构成其人性论的重要组成部分。它们之间存在着这样一种关系：人性是构成冯契人性论的基础概念，人的本性与本质、人格是冯契人性论的核心概念。由这些概念出发，形成了几个比较重要的命题和论断，这些命题和论断又共同决定了冯契哲学的人性论何以可能、如何可能的问题。在本书第二部分，笔者将对冯契人性论的内在逻辑及主要观点进行论述和辨析。

本章小结

从整体上分析，冯契人性论中的主要概念由人性、人的本性和本质、人格组成。在这些总概念下，又分成几个属概念，如人的天性、人的德性等。在笔者看来，冯契对人的天性和德性、人的本质和本性进行界定和阐释的过程，借助了马克思等哲学家对“人之为人”的最普遍定义，同时又进行了新的诠释和补充，可以说是对马克思主义人性论、中国传统人性论、西方近现代本质主义和存在主义人性论中相关概念的批判吸收和发展。

首先，冯契从人性的概念界定出发，将人性划分为天性与德性两个部分，同时又涉及心与性、性与天道的关系问题。他对心和性的范畴进行了限定，将心理解为“心灵”，性理解为“人性”，区分了心性论与人性论的关系。并用性与天道的相互作用来阐释马克思提出的“世界统一原理和发展原理”与客观规律的关系，体现了中国哲学与马克思主义哲学的会通与融合。其次，冯契根据马克思“现实的人”“自为本性”的观点，对人的本性和人的本质进行了概念界定。在他眼中，人的本性和本质与人的天性和德性相联系，它不仅展现了“人之为人”的普遍要求，而且突出了人的本性和本质作为人的条件和中国传统哲学中“学以成人”的前提的重要性。最后，冯契通过对人格进行界定，对自由人格的形成和理想人格的培养展开了分析。他将理想视为人格的承担者，把自由人格的形成和理想人格的培养联系起来，认为“平民化自由人格”是理想人格的重要形态。自由人格的实现离不开理想人格的塑造与培养，自由人格是理想人格的具体呈现。

总而言之，冯契“智慧说”中关于“人性、人的本性和本质、人格”等概念，是构成其人性论的重要组成部分。它们之间存在着这样一种关系：人性是构成冯契人性论的基础概念，人的本性和本质、人格是冯契人性论的核心概念。由这些概念出发，形成了几个比较重要的命题和论断，这些命题和论断又共同决定了冯契提出的“哲学的人性论”何以可能、如何可能的问题。在本书第二部分，笔者将对冯契人性论的内在逻辑及主要观点进行论述和辨析。

第二章 冯契人性论的内在逻辑

如前文所述，冯契人性论主要探讨的是在本体论、认识论、价值论、伦理学四者贯通视域下如何揭示人的本质力量及其发展的问题。要解决这一大问题，就涉及诸多的小问题，比如怎样揭示人的本质力量、如何把握人的本质力量、怎样推进人的本质力量的发展。沿着冯契关于“哲学的人性论”的界定出发（“哲学的人性论在于揭示人的本质力量及其发展”[①]），可以将冯契关于人性、人的本性、人的本质、理想人格、人的本质力量等论述进行整理和归纳，并由此进行分析和评判。

冯契人性论的内在逻辑由四部分构成：哲学的人性论的内在意蕴、人的本质力量的揭示及其发展、理想观、自由观。首先是哲学的人性论的内在意蕴，它由人的最本质特性、人的类本性、人的本体二重性、人的精神二重性、人的社会二重性构成。其次是人的本质力量的揭示及其发展，通过对“四重”之界的转化与人的本质力量的生成、知意情与人的本质力量的内涵、人的本质力量的揭示方法、人的本质力量的发展路径进行阐述，可以澄明人的本质力量在冯契人性论中的地位。再次是理想观，笔者从理想的概念和展现形态出发，对冯契关于理想与人的本质力量、个人理想与社会理想、理想与现实的关系进行了整体性分析。最后是自由观，笔者从自由的概念和呈现方式出发，对冯契关于自由与必然、自由与人性的相关论述进行了总结和分析，认为冯契提出的平民化自由人格理论是养成自由的人性，实现人性的自由的路径和方法。

由以上可知，在冯契人性论的内在逻辑中，哲学的人性论的内在意蕴是基

①冯契：《人的自由和真善美》，《冯契文集》（增订版）第3卷，上海：华东师范大学出版社，2016，第25页。

础，人的本质力量的揭示及其发展是主干，理想观和自由观是两翼。从哲学的人性论的内在意蕴出发，以人的本质力量的揭示及其发展为核心，将理想观和自由观作为重要内容，冯契构建了以人的本质力量的揭示和发展、人性与理想、人性与自由紧密联系，沟通本体论、认识论、价值论和伦理学的“哲学的人性论”。

一、哲学的人性论的内在意蕴

通过对冯契人性论的内在逻辑进行论述和分析，可以为理解冯契人性论提供思路和方法。而“哲学的人性论”的内在意蕴作为冯契人性论的内在逻辑的起点，更是理解冯契人性论的重中之重。“哲学的人性论”的内在意蕴通过人的劳动、生产、生活等实践活动体现出来，包括五个方面，即人的最本质特征：劳动；人的类本性：个性与共性；人的本体二重性：天性与德性；人的精神二重性：理性与非理性；人的社会二重性：历史性与阶级性。

（一）人的最本质特征：劳动

人与动物的区别就在于：人能够在使用工具的同时又能够制造工具。而制造工具的过程就是人在社会中参与劳动的过程。马克思指出，“劳动的对象是人的类生活的对象化：人不仅像在意识中那样在精神上使自己二重化，而且能动地、现实地使自己二重化，从而在他所创造的世界中直观自身”②。人的劳动使人与其他动物区别开来，但人在劳动生产中最初建立的社会关系，却是一种统治与服从、支配与被支配的关系。在自然经济条件下就形成了家长制，后来演变为奴隶制、封建等级制，这都是对人的依赖。到了商品经济条件下，劳动者是自由了，于是人的独立性、人的能力得到了发挥，可对物的依赖性加强了。这样，不论对人还是对物的依赖，都产生了劳动异化的现象。

首先，冯契认为人通过劳动改造了自然，也改造了人自己。在劳动过程中，自然人化了，而人化的自然又促使人类本身发展变化，这就是马克思说的，劳动生产不仅为主体生产对象，并且也为对象生产主体。主体和对象、人

②马克思、恩格斯著，中共中央马克思恩格斯列宁斯大林著作编译局编译：《马克思恩格斯文集》（第1卷），北京：人民出版社，2009，第163页。

和自然的交互作用，就是以人的感性活动作为媒介的。人的实践以及在实践中获得的颜色、声音等的所与，就是人和自然界的桥梁。通过劳动实践，人们改变了土地的面貌，改变了山河的面貌，生产出人类生活所需要的物质财富，创造了许多的工艺品、艺术品。人的感觉能力、经验的逐渐发展，受到物质对象的影响，它使人的耳朵和眼睛能够欣赏乐曲和风景。感觉能力在这些活动过程中得到进一步加强。

总起来说，就是由于工具的帮助，人的经验成为社会性的，人类改造自然使自然人化，在人化自然的过程中人不断地改造自己，这样，人的感觉能力就不断提高、发展起来。冯契指出，感性经验的发展是无限的，具有生物学证据。我们要合理地运用感觉能力和感性经验，在认识世界和认识自己的同时改造世界和改造自己。

其次，冯契对劳动是人的本质特征的观点进行了新的界定，认为“人的本质特征在于社会劳动，在于通过劳动生产的社会结合，对自然界进行有目的的加工改造，这样来证明自己是一种有意识的理性生物，能够在化自在之物为为我之物的过程中，实现人的自由”[③]。也就是说，人的劳动与人的自由紧密相连。“人的劳动将人类从动物界分化出来，使人类与自然对立起来，通过劳动、斗争，……是因为人道（当然之则）和天道（自然界的次序）结合为一了。”[④]人类不仅要注重劳动这一本质特征，而且要通过劳动将人道和天道相结合，在劳动的过程中不断使自身获得主观能动性，让自身的德性得到培养。

再次，冯契指出，劳动与意识的交互作用，从总体方向来说，要从自在走向自为，奔向自由的。但由于劳动的异化，人性的异化也是不可避免的。“食色，性也。”（《孟子·告子上》）食、色等出于自然的本能，是不能加以遏止的。社会组织之所以必要，就在于能使这些欲望得到适当的满足。由于社会中存在对人的依赖，使某些人产生了权势欲；由于存在对物的依赖，又使一些人产生了贪欲。由此可见，劳动以及在劳动生产基础上形成的社会关系和意识形

③冯契：《人的自由和真善美》，《冯契文集》（增订版）第3卷，上海：华东师范大学出版社，2016，第38页。

④冯契：《人的自由和真善美》，《冯契文集》（增订版）第3卷，上海：华东师范大学出版社，2016，第278页。

态，实际上是由自在而异化、克服异化进而达到自为这一过程的反映和表现。人因为在劳动过程中对于交流的需要而产生了语言，又因为有了语言和文字这样的交流工具而使劳动经验得以交流和流传，经验也因此具有了一定的社会性。经验成为社会性的，使用语言文字，就使得概念、理论思维发展起来。

最后，冯契在将劳动作为人的最本质特性进行阐述后，对异化劳动产生的原因及劳动的异化如何克服进行了论述和分析。在他看来，劳动异化是指“劳动创造了财富、文化，劳动中形成了社会交往方式与制度等——这些劳动的创造物转过来成了支配劳动者的异己的力量”⑤。马克思对劳动异化的产生也进行过阐述。人不仅在精神上使自己二重化，而且能动地、现实地使自己二重化，从而在他所创造的世界中直观自身。而“异化劳动把这种关系颠倒过来：正是由于人是有意识的存在物，人才把自己的生命活动、自己的本质仅仅变成维持自己生存的手段”⑥。而异化现象之所以能够产生，一是由于低下的生产力水平使劳动在社会关系上对人和物的过分依赖成为必然；二是由于人对自然界和自己本身的无知，导致其陷入盲目性，即在对物的依赖中产生了拜物教（拜金主义）、在对人的依赖中产生了对权力的崇拜（权力迷信）。因此，就社会关系的总和而言，人的本质虽然会不断地随着历史的发展而发生变化，但这种变化却并非直线上升的，而是曲折发展的。从异化的劳动与劳动的异化的关系来讲，异化劳动的出现，意味着劳动的异化的产生。我们要在克服劳动的异化的基础上，减少和消灭异化劳动现象。通过人性的自由的发展，真正到达马克思所论述的“自由人的联合体”的共产主义社会，实现共产主义理想。

由上述可知，冯契对马克思关于人的本质的观点进行了扩展和补充，认为“人是社会关系的总和，人要求养成自由个性，自由劳动是合理的价值体系的基点”⑦。在笔者看来，冯契在肯定马克思关于人的社会性的观点的基础上，又将自由的劳动视为合理的价值体系的建构基础，把人性问题由本体论视域扩

⑤冯契：《认识世界和认识自己》，《冯契文集》（增订版）第1卷，上海：华东师范大学出版社，2016，第319-320页。

⑥马克思、恩格斯著，中共中央马克思恩格斯列宁斯大林著作编译局编译：《马克思恩格斯选集》（第1卷），北京：人民出版社，1995，第46页。

⑦冯契：《认识世界和认识自己》，《冯契文集》（增订版）第1卷，上海：华东师范大学出版社，2016，第306页。

充到价值论境域，推动了马克思主义人性论在世界范围内的发展。值得注意的是，冯契将自由劳动与异化劳动相区分，并展开评价和分析。他不仅将劳动作为人的最本质特征进行阐述，而且把自由劳动视为人获得自由的德性的重要路径之一，丰富和发展了马克思主义人性论。

（二） 人的类本性：个性与共性

冯契指出，人要求自由的本质，既是在劳动、生产、生活等实践基础上，由天性到德性的发展过程，同时又表现为个性与共性的统一。在对人性进行考察时，注意共性当然重要，但更重要的是关注个性。“人类的道德行为、审美感受都包含着要把人作为个性来对待这一前提。……把自己培养成自由的人格、自由的个性。”[⑧]可见，个性与共性的辩证统一是冯契关于人的类本性的重要观点之一。在这个问题上，马克思认为，“人是特殊的个体，并且正是人的特殊性使人成为个体，成为现实的、单个的社会存在物，……又作为人的生命表现的总体而存在一样”[⑨]。冯契借鉴了马克思关于人作为社会存在物而呈现的个体和总体的两个不同层面的显现形态的观点，围绕“个性与共性”相统一的原则，对人的类本性展开了论述。我们可以从以下三个方面来进行把握。

一是要把握个体与社会的联系。自然界的事物具有个性与共性，是普遍性和特殊性的统一，而共性寓于个性之中，类的本质体现于作为类的分析的个体之中。但在无机界中，人们往往对个体间的差别加以忽略，因为对人而言，这种个体性通常并不重要。但是，与人的关系密切的元素，如地球、太阳、长江、黄河等，其个性仍为人们所注意。在有机界，一般也主要注意其群体、类、族，只是对与人关系密切者，如手植的花木、家养的猫狗，才注意其个体特性。但就人类自身而言，存在不同的情况。我们不能用对待木石、猫狗的方式来对待人。“但是，人不仅仅是自然存在物，而且是人的自然存在物，……

---

⑧冯契：《认识世界和认识自己》，《冯契文集》（增订版）第1卷，上海：华东师范大学出版社，2016，第287页。

⑨马克思、恩格斯著，中共中央马克思恩格斯列宁斯大林著作编译局编译：《马克思恩格斯文集》（第1卷），北京：人民出版社，2009，第188页。

因而是类存在物”[10]，“而自由的有意识的活动恰恰就是人的类特性”[11]。由此可知，马克思把人当成类存在物，认为人会根据自由的有意识的活动来认识世界和认识自己。但也不可忽略人的个体与类的关系。在冯契看来，人是个体，具有个性，每个人本身都应看作目的，都具有自由的本质。马克思在《致安年科夫》一信中指出：“人们的社会历史始终只是他们的个体发展的历史，而不管他们是否意识到这一点。他们的物质关系形成他们的一切关系的基础。”[12]马克思在这里所说的物质的、个体的活动，即是人们谋求生活资料的活动。作为个体的劳动者，经过劳动生产与自然物之间产生物质交换，它们结成社会关系；在此之上，又进一步组成了整个的社会关系，所以作为劳动者的个人总处于社会联系之中，是整体的一部分。

历史性是个体的社会联系活动的特性。它以每个个体的生产力即交往方式，来决定这一代人的相互关系。因此个人的历史的发展，取决于他过去和现在的社会的历史的联系。从生物学的观点看，个体的肉体是由前代决定的，个体的发育是由种系发育决定的；从社会学的观点看，个人处于需要和生产力所达到的一定水平的历史阶段，并与其他人处于一定的社会联系之中，因此现实的社会关系的总和，体现出个体作为人的本质的内涵，个性的发展受到它的制约。

在劳动异化的前提下，统治与服从成为社会关系的一种，这种关系成为支配劳动者的异己力量。本来是在物质的、个体的活动中形成社会关系，劳动者是一个个的个体，与自然进行物质变换。但在劳动异化的条件下，这种社会关系往往转过来成为个性的束缚，成为马克思和恩格斯所说的关系对个人的独立化，个性对偶然性的屈从，个人的私人关系对共同的阶级关系的屈从。当然，在进入共产主义以后，可以克服这种异化现象，实现个人的自由联合。在这种社会中，个人的独创与自由的发展就不再是一句空话了，关系对个人的支配将

⑩马克思、恩格斯著，中共中央马克思恩格斯列宁斯大林著作编译局编译：《马克思恩格斯选集》第3卷，北京：人民出版社，2012，第107页。

⑪马克思、恩格斯著，中共中央马克思恩格斯列宁斯大林著作编译局编译：《马克思恩格斯选集》第3卷，北京：人民出版社，2012，第57页。

⑫马克思：《致安年科夫》，《马克思恩格斯全集》第27卷，北京：人民出版社，1972，第478页。

根本消失。

二是要注重个体意识与群体意识的塑造和培养。和社会的劳动是物质的个体的劳动一样，人的精神活动也是个体的活动。精神的主体是单一的、独特的，我的感觉不同于你的感觉，我的思想不同于你的思想。每个人都有自我意识，都有一个“我”作为精神活动的核心。当然，这不是说，自我是封闭的。如马克斯·舍勒（Max Scheler）所说，精神具有“世界开放性”（world—openness），“我”对外界是开放的。人与动物不同，动物与环境的交互作用是一种本能的活动，人能超越本能，冲破环境的束缚，从人与自然的交互作用中发展自己，同时把人的本质力量对象化。

群体意识的形成缘于人与人的社会联系，个体意识通过群体意识展现，故人的精神的实质是群体意识与个体意识的辩证统一。这样，在意识的领域，同样存在一个个性与共性的关系。事实上，社会心理并不是实体。如果把社会心理视为“大我”，则大我也就是群体意识，它仍然是人与人之间相互关联的意识，不存在离开个体自我，而超越社会心理的实体。社会意识是社会存在的反映，它同时又是许多个体头脑中的产物。当然，社会意识（群体意识）虽然取得了物质的外壳，表现于文字、艺术、建筑等等之中，积淀为文化为传统，但文化传统还是要通过个体的头脑来把握。

三是要把握个性与共性之间的辩证统一关系。冯契指出，人的共性大体包括理性、劳动、社会性，但物之性与人之性的最大区别在于人的独特的个性，断言“不能把人性简单化地说成就是社会历史的产物”[13]，要重视人的个性，把握个性与共性之间的动态平衡；“人是一个个的个体，每一个人都有个性，每一个人本身都应看作目的，都有要求自由的本质”[14]，作为独特的、具体的存在，每个个体都是有血有肉的。冯契通过阐明本质、规律，以及群体意识和个体意识，来分析人作为个体和总体的个性与共性的关系。

其一，冯契坦言，自然界中的个体及其发展都受到本质、规律的影响。这

⑬冯契：《人的自由和真善美》，《冯契文集》（增订版）第3卷，华东师范大学出版社，2016，第165页。

⑭冯契：《人的自由和真善美》，《冯契文集》（增订版）第3卷，华东师范大学出版社，2016，第42页。

个事物之所以是这个样子、这个过程之所以是这个过程，受到本质、规律的规定。这种规定的出现，也对个性作出了规定。个体始终处于一定的社会联系之中，社会关系制约着个体的发展。于是，真正的集体在尊重个人、个体又能自重的情况下影响着个性的形成，形成个性的自由人格的前提是民主、和谐的集体的帮助。

其二，作为主体的意识者，呈现出各自的独立性，可以用反思来自证其主体，但自我的主体性必须通过社会群体运动才能彰显，并构建自我意识。冯契坦言，人作为主体，通过他人来反映自我，在社会群体的交往中产生意识。民族心理、时代精神、社会意识的形成，受益于主体意识的结合。这种意识是具体的、充满矛盾的，内化在无数个体之中，它不是一般的抽象，可以经过个性的演变而发展。

其三，个体意识不能离开群体意识而存在，群体意识的渗透、反映，通过个体意识来完成。社会意识反作用于社会存在，作为个体意识的产物，群体意识通过个体意识来把握、体现。如此，群体意识就是个性（个体意识的多样性）和稳固性（习以成性，继承传统）的统一。而作为主观和客观统一而存在的意识主体，本身就是统观和纵观的统一，它将“以我观之”“以道观之”两种方式相统一，既能自证其身份、地位，又可反映群体。而纵观人类的整个发展历史，推动人的自由全面发展是社会进步的重要保障，其中以一定历史条件下人的生产实践活动为主要方面，即要充分发挥个人在实践过程中的主观能动性，贡献自己的力量。

进而言之，冯契在阐明人的本质是共性与个性统一的前提下，对片面强调共性的阶级主义、本质主义观点，展开了强力的批判。于他而言，将共性与个性、本质与存在割裂开来，将单一看成是特殊的；将共性、本质、社会性形而上学化、抽象化，让其失去具体性，是本质主义者的错误根源。他们没有意识到个体是本体论视域中的实体，是有机的整体、蓬勃发展着的生命、天性和德性、理性与非理性、意识与无意识、共性与个性的统一，是殊相的集合。

总之，冯契人性论中关于人的类本性的论述，既符合中国传统人性论强调的性与天道和谐统一的天人关系，又遵循了马克思的唯物的实践的观点，将人的本质力量的揭示和发展理解为物质决定意识、意识反作用于物质的人的固有感性对象性活动，彰显了马克思主义哲学特质。有学者认为，冯契对马克思关于人的本质理论的三点创新，即天性和德性、理性和非理性、个性和共性的辩证统一理论，显而易见地呈现出其理论对科学主义和人文主义对峙传统的超越的彻底性，有效地克服了先验与后验、理智与意志、殊相与共相等矛盾的截然对立，弥补了认知、意向两系统的分裂，通过实践这一中介桥梁，将本体论、认识论和方法论融为一体，也是其表征跨越科学与人文对峙的理论——“转识成智”说与“化理论为方法、化理论为德性”的另一体现[15]。

（三） 人的本体二重性：天性与德性

前文已对冯契关于天性、德性这两个概念的论述和诠释进行了分析和总结。但都是从概念界定的角度进行的，而没有对他关于天性和德性的论述中人的本性、人的本质的关系及天性、德性之间的转化路径、转化过程、转化结果进行说明。基于此，在本节中，笔者对冯契关于人的本体二重性——天性与德性展开进一步的分析和阐释。

首先，是关于人的天性的阐发。冯契在“智慧说三篇”中并没有对天性这一概念展开直接的论述和诠释，而是通过德性、人的本质力量、本然界与自然界的转化等对人的天性产生影响的几个因素，即侧面的视角来对人的天性作出说明和诠释，并对人性与天性的关系作出判断。一是人的天性是构成人性的重要组成部分。按照冯契的理解，人的天性是人的自然属性和一部分社会属性的统称，但又有别于人的本性和人的本质。二是人的天性是人性的重要体现，它是人的本质力量的载体之一。在冯契看来，人的本质是从天性中培养成的德性，即人的本质属于天性和德性中的一部分，但它却可以代表“人之为人”的“类”的本性。三是人的天性是人性的内涵和外延的统一。人性中蕴含着人的天性，同时人的天性在转化为人的德性过程中将自然转变为“人化的自然”，使人能够完成“自在之物”向“为我之物”的转化，实现对自己和世界的认识，也即冯契强调的“给本体论以认识论的根据”。

但在笔者看来，将人的天性理解为人道原则与天道原则的统一更为准确和恰当。因为人的天性受到人道和天道的共同影响，而其中又和性与天道的内涵

⑮王向清、李伏清：《冯契“智慧”说探析》，北京：人民出版社，2012，第185页。

即智慧产生纵向联系。冯契指出，世界统一原理、发展原理是天道的组成部分，而个人的认识能力和精神力量、精神内涵就是人道，两者共同影响人的天性。而智慧作为性与天道的交互作用的产物，实际上可以理解为人性与天道的交互作用的产物，也即天性、德性与天道的交互作用的产物。在这里，天性始终作为精神主体（个人）追寻“性与天道”（智慧）的根基，而德性起到的是载体和目的的作用。人缺少德性，可以通过自由人格的培养来塑造，缺少天性，则人无法存在，至少人的精神无法存在。从这里可以得出一个结论，冯契认为的天性与德性和马克思理解的人的本性与人的本质、人的类存在，并没有价值意义上的区别，它们都是对人进行思考和探索后得到的观点。

其次，是关于人的德性的诠释。如前文所述，德性是从天性中培养成的，那么它的形成基础就是天性。培养人的自由的德性，也就是借助天性中蕴含的人的本质属性来认识自我和改造自我。在这个过程中，人作为精神主体通过自发到自觉的过程将“自在之物”转化为“为我之物”，客体逐渐由自在到自为。这里涉及本然界、事实界、可能界、价值界及其相互转化的问题。第一，我们需要遵守自然界的秩序。在冯契看来，自然界呈现出永恒运动的特性，是无限的、多样的、物质的现实世界。“自然是万物的本性（天性和德性），是自然物之所以为自然物的根据。它具有本体论和认识论的双重的意义。”[16]事实界是认识论的主要领域，是认识和存在相互统一的基点，为人的本质力量的发展提供了客观基础，构成从本然界通往可能界、价值界的津梁。这其中，自然界就是人化了的本然界。第二，本然界、事实界、可能界、价值界之间的转化，实际上就是人作为精神主体不断由自发到自觉，将自在之物转化为为我之物的过程。基于此，人借助自我的本质力量，将理想转变为现实，让可能的物质成为有价值的物质，进而创造出价值界。正是在评价经验与体现价值的活动中，人类发展了自己的德性。第三，价值得到实现、自然得到人化，就是人与自然的相互作用。这种相互作用的桥梁是以实践为基础的感性对象性活动，通过这种活动，道转变成人的德性，人的德性成为道的载体。第四，冯契在继承中国传统文化的基础上，扬弃德性之先验性，而主张将德性视为德行的内在根据和动

⑯冯契：《认识世界和认识自己》，《冯契文集》（增订版）第1卷，上海：华东师范大学出版社，2016，第245页。

力，倡导将理论转化并凝结成人的道德品性和品格，使人的道德原则和规范获得内在的动力和根据，使之有效地制约和影响主体的行为，使之具体外化为相应的与之符合的道德行为。

在冯契看来，人的德性的培养，总是以趋向自由为目的，借助自然禀赋与人的天性，通过立德、立功、立言等途径来实现德性的自由。人们在实践和教育中认识自己和塑造自己，与化“自在之物”为“为我之物”的过程相联系着，通过立德、立功、立言等创造性活动，使德性经过培养、锻炼，逐渐由自在而自为，“我”作为“德之主”，便自证其自由的品格。而主体本来是类与个体、群体与个性的统一，因此具体的德性是个性化和类、群体本质的力量的统一，又在每个人身上具有个性化的特点。依据冯契的观点，德性的自证，就是德性能够自证其真诚。德性自证的过程也就是人作为精神主体如何养成德性的自由的过程。与此同时，德性的自证离不开德性之知（智）的获得。一是德性之知（智）的获得决定了养成自由的德性的路径。二是实现德性的自由，需要通过性与天道的作用和基于实践的认识活动获得德性之知（智）。

最后，是关于人的天性与人的德性的关系的阐释。依冯契所述，人的天性与人的德性二者之间存在着辩证统一的关系。我们接着前面一章关于天性与德性之间的关系继续往下讲。可以发现，人的天性转化为人的德性的同时，又会有新的天性（转化后的德性）经过自然界（人化的自然）生产。这种“新的天性”[17]与人本身具有的天性有何不同呢？两者是否会相互排斥呢？这是冯契在其“智慧说”哲学体系中有待解决的重要问题。虽然冯契将人的本质理解为从天性中培养成的德性，但仍离不开人的天性的内涵，只不过是被赋予了不同的外延。

如前文所述，冯契认为人性是由天性和德性两者共同构成。而人的本质是从天性中培养成的德性，这就说明人的天性经过培养和发展，能够形成人的德性。也就是说，由天性到德性的过程会伴随着人的本质力量的对象化和形象化，将对象化和形象化的人的本质力量进行揭示，并促进其发展，这就是冯契提出的“哲学的人性论”的本质要求和方法路径。

---

⑰冯契将人的本质视为天性向德性、德性复归为天性的运动过程，同时认为人的本质是从天性中培养成的德性。这里“新的天性”就是指由天性的一部分培养而来的德性。

冯契将人的天性与人的德性的关系分为三种。一是相互转化的关系。一方面，天性转化为人的德性，推动人的自由全面的发展；另一方面，人的德性经过自然的人化过程，能够复归为人的天性，从而将自身养成的优良的德性在自然的人化和人的自然化过程中转化为人的天性。二是互为前提的关系。在冯契看来，人的本质是天性向德性，德性向天性复归的双向运动过程。在这个过程中，由天性中转变而来的一部分德性，成为人的本质[18]。也就是说，天性一方面能够转化为人的德性，另一方面德性又能够通过自然的人化和人的自然化过程转变为人的天性。两者相互影响、共同推动事物的发展和变化。三是辩证统一的关系。依冯契的观点，主体意识可以让自我的意识活动得到意识的反馈，并使主体自我得到显现，人根据人性来发展德性的方法就是以自我为对象来塑造自己、揭示自我的本质力量[19]。在这个过程中，德性的形成意味着习惯成自然，德性与天性融为一体。换言之，真正成为德性，德性也要归为自然，不能是外加的东西。德性复归为自然，也即德性复归为天性，而德性又是由天性转化而来，因此人的天性与人的德性辩证统一。

对冯契而言，天性和德性在实践过程中相互作用，相互影响、相互转换。有学者指出，"天性只有经过一个由自在上升到自为的历史实践过程，才能转化为德性；德性总是以天性所提供的发展的可能为根据，并通过习惯成自然而不断向天性复归，成为人的第二天性"[20]。可见德性并不是一种对个体纯粹的外在强加。天性和德性是在实践过程中同时进行的双重、双向运动，是主体化自在之物为为我之物、由自在而自为的过程，是在本体论基础上的认识论和认识论基础上的本体论的辩证综合。基于此，天性与德性的辩证统一成为冯契人性论思想中人性观的本体二重性的重要保障。

（四）　人的精神二重性：理性与非理性

冯契认为感性实践活动，是人类认识史上的一个重要内容，它使得人的思

---

⑱冯契：《人的自由和真善美》，《冯契文集》（增订版）第3卷，上海：华东师范大学出版社，2016，第31-32页。

⑲冯契：《认识世界和认识自己》，《冯契文集》（增订版）第1卷，上海：华东师范大学出版社，2016，第313页。

⑳李伏清：《论冯契对人的本质的构造》，《探索与争鸣》，2008年第4期，第71-73页。

维得到锻炼，人的精神主体不断由自发到自觉，客体不断由自在到自为。在这个过程中，人的精神属性发挥着非常重要的作用。在他看来，人的精神二重性包括理性与非理性（感性），要重视在认识过程中人作为精神主体产生的感性的直观和理性的直觉。

理性作为人的特有属性，冯契认为其是认识自己和认识世界的关键，正是有了理性思维，才会推动人类不断追寻世界的奥秘，探寻人类历史发展的规律和哲学社会科学、自然科学的发展脉络及理论的建构过程。在他看来，理性和非理性的辩证统一是人的本质之一，同时也是人的重要精神属性。值得注意的是，理性和非理性也是人的本质力量之一。基于此，冯契指出，理性和非理性共同决定了人的认知能力和精神主体如何由自发到自觉的过程。在认识世界、改造世界的过程中，人的精神整体——理性和非理性、意识和无意识得到彰显，人的评价意识客观化为价值，从而在现实中打下了人的烙印，同时也提高了自己的能力、锻炼了自己的性情。

首先，我们要对冯契人性论中所论述的理性进行分析和解读。在冯契看来，人的理性是区别人与动物的一个重要方面。人的理性是主体从"所""与"中获得意象，凭借抽象构成概念，以得自所与还治所与、在化所与为事实的过程中被主体把握的符合规范的内容，总体上包括命题、推理以及用它们为介质建构的各种理论体系[21]。与感性活动紧密相连，是理性和非理性的共同特征，两者不能分离。在人作为精神主体的感性实践中，理性起到重要作用。它引导非理性，使人性在得到培养的同时满足人的正常需求，让人的本质能够自由地发展。

其次，我们要重视和运用非理性的功能和作用。在这里，冯契并没有用感性来区别于理性，而是将有别于理性的精神属性统称为非理性，这就存在着两者之间可以相互转变的可能。事实上，冯契阐述的非理性，是意志、情感等精神力量。这些精神力量也即冯契论述的人的本质力量。理想是人的本质力量的形象化，自由是人的本质力量的对象化，两者又同时构成揭示和发展人的本质力量的客观载体，共同推动人的自由全面发展。从这个意义上来说，非理性的功能和作用体现在三个方面。一是蕴藏和抒发个人的情感与意志，可以为人们

㉑王向清、李伏清：《冯契"智慧"说探析》，北京：人民出版社，2012，第182页

认识世界和认识自己提供精神力量。二是凸显和侧重个人的自由意识，可以为人们认识世界和改造世界激发主观能动性。三是彰显和塑造个人的理想形态，可以为人们追求个人理想和社会理想提供实现路径。

再次，关于理性和非理性的关系。依据冯契的观点，人性就是理性和非理性的统一。“理性与非理性的统一是人的意识活动的体现，意识与无意识的统一是人的精神活动的展现。但是，在总的精神活动中，无意识受到意识的主导；在意识活动中，非理性受制于理性发展。”[22]也就是说，相对于意识活动来说，是理性主导非理性。而在总的精神活动中，意识又是主导无意识的。那么，理性相对于非理性来说，在具体的思维活动中，占据着主导地位。而非理性在人的总的精神活动中，也发挥着重要的作用和功能。如非理性中的情感、意志、欲望等能够左右人的天性的激发和人的德性的养成。由此可知，理性和非理性共同在人类精神活动中发挥作用，而理性占据着主导地位，非理性在大多数情况下受理性所支配。不可否认的是，人的非理性是可以经过自身的努力而得到改善和控制的，它最终是需要向理性转化的。这种转化不是万能的，它受到理性的制约和非理性的精神因素的影响。

最后，非理性如何转变为理性，理性和非理性之间的转化路径和发展方向又该如何呢？在冯契看来，非理性在人作为精神主体（意识主体）的感性实践活动中，是逐渐向理性发展和转变的。非理性经过自发而自觉的过程，完成向理性的转化。理性逐渐取代非理性，经过理性的直觉、辩证的综合等环节最终形成人类感性实践活动追寻的智慧和自得之境。理性与感性的辩证统一；一致而百虑；在认识自己、认识世界的交互作用中追寻智慧和自由，呈现出人类认识过程的规律性。天与人、性与天道的交互作用，一方面让自然人化，成为对人有价值的文化，通过性表现为情态；另一方面，使天性能够发展为德性，在将人自身培养成为自由人格的基础上，造就人道与天道，成就自由的德性[23]。人类对自己的创造物往往不是凭理性就可以完全支配的。随着社会进步，理性

---

[22]冯契：《认识世界和认识自己》，《冯契文集》（增订版）第1卷，上海：华东师范大学出版社，2016，第285页。

[23]冯契：《认识世界和认识自己》，《冯契文集》（增订版）第1卷，上海：华东师范大学出版社，2016，第328页。

越发起到主导作用。非理性、无意识的力量借助理性得到准确阐发，人的直觉和本能、情感会越发具有理性的色彩，因此不能得到非理性主义的结论，也不能用理性专制主义来解释非理性、无意识的力量。换言之，理性和非理性在主体客体化和客体主体化的过程中都发挥着重要作用，不能一味地强调理性，也不能忽视非理性，两种偏颇皆不可取。

因此，冯契提倡理性、非理性的结合，反对禁欲主义和反理性主义，认为理性、非理性的结合是一个动态的过程。有学者对此进行了探讨和分析，认为冯契强化了非理性在认识过程中的作用㉔。在冯契看来，人的本质力量的均衡与全面发展受到理性和非理性因素在实践中的历史展开的影响，是规定了人之为人的本质特性。也就是说，理性和非理性在人类实践活动中起到了综合平衡人的本质力量，促进人的自由全面发展的作用。我们既要重视理性在感性实践活动中的重要决定性作用，又要注重非理性和无意识的精神力量对感性实践活动的推动作用。

（五）人的社会二重性：历史性与阶级性

冯契借助马克思关于人的本质的界定——现实性上的一切社会关系的总和，对人的社会性进行了新的阐发。这也是用来区分人与动物的重要特质之一。在他看来，人与动物的区别还在于人是社会性动物，能够以各种各样的社会关系聚集在一起，共同发展。人不仅具有自然性，还具有社会性。

历史性与阶级性为什么是人的社会二重性呢？首先，历史性受到历史主体（个人与群众）的影响，呈现出不同的历史发展阶段，对应着不同的劳动生产力和生产关系，同时也对应不同国家的发展状况和社会基础。其次，依据马克思的历史唯物主义观点，“社会存在决定社会意识，人的本质是一切社会关系的总和”，生产力和生产关系作为人在社会环境中得以生存和发展的生产要素的占有方式，决定着个人的发展和社会的进步，同时也影响着人的历史性与阶级性。最后，马克思和恩格斯都探讨过个人在历史上的作用问题，认为唯物史观是促进历史发展和社会进步、符合自然历史规律的进步史观。而历史唯物主义则将人类的进步与历史的发展彰显出来。

㉔王向清、李伏清：《冯契“智慧”说探析》，北京：人民出版社，2012，第185页。

冯契和马克思、恩格斯的观点基本一致，并在他们的基础上进行了补充和扩展。他指出，“社会实践的范畴，是马克思主义历史观、认识论的第一的基本的观点，……使得人的感性活动与动物的感性区别开来”㉕。也就是说，冯契将马克思主义人性论理解为：以马克思主义历史观、认识论为基点的探寻人与社会、人与自然、人与人之间关系的重要理论和重要思维范式。

在冯契人性论中，也同样强调人的历史性和阶级性。他对马克思和恩格斯的观点持肯定态度，认为人作为社会动物，是一切社会关系的总和。于是他将人的社会性诠释为历史性和阶级性（发展性），从而把人的社会性进行具体化，最终形成能够被人类所认同和感知的社会存在。冯契强调，人性的发展受到社会条件和自然环境的双重制约。在自然的人化过程中，人通过感性实践活动，逐步将“自在之物”转化为“为我之物”。换言之，人作为精神主体逐渐将客体主体化。在此前提下，人性与自由得到迅速发展，可以让人养成自由的德性。不可忽视的是，历史性与阶级性虽然决定了社会的发展方向，但也对人性的发展产生了一定的约束。历史性与阶级性共同构成冯契人性论的重要内容，两者共同决定人的类本性。人性能够得到自由全面发展的同时，也受制于社会的进步和历史的发展。我们既要看到历史性和阶级性对社会的推动作用，也要深刻反思人类在历史进程中所起到的能够决定历史走向的强大的历史合力。换言之，人性得到自由全面发展的同时，社会整体必然向前发展，人类历史必将产生交汇，东西方民族的文化与文明将会逐渐产生会通与融合。

在冯契看来，人的社会二重性包含历史性与阶级性。其中历史性决定了人类历史发展的可持续性和创造性，个人的发展与历史的进步相辅相成。而阶级性又决定了人与人之间的地位和权力（权利），决定了生产关系和生产力的构成。同时，在同一历史条件下，阶级性的差异会导致整个社会、国家、民族之间的差异。而在同一阶级条件下，历史性（文明、文化底蕴）又会使得阶级性相同的社会、国家、民族之间产生巨大的差异。这种差异正是造成各个国家产生不同文化、不同民族精神、不同社会面貌的缘由。进而言之，历史性与阶级性导致了不同社会主体和社会存在的差异，同时也使得各个民族能够顺应时代

㉕冯契：《认识世界和认识自己》，《冯契文集》（增订版）第1卷，上海：华东师范大学出版社，2016，第311–312页。

发展涌现出不同的英雄人物（造就英雄人物），这就使得人类实践活动与人类社会发展获得多样性、复杂性、特殊性。

冯契关于历史性和阶级性的看法与马克思、恩格斯的观点又存在一定的区别。其一，他不仅将人的本质在其现实性上视为一切社会关系的总和，而且将人的本质视为理性和非理性的统一，强调人作为主体的精神力量（包括无意识在人类认识活动中的作用）。其二，冯契把人性视为存在和本质的统一，认为人性论的基础由精神力量和物质力量共同决定。其三，冯契继承和发扬了马克思、恩格斯的实践主义观点，同时又指出他的哲学进路在于沿着“实践唯物主义辩证法的路子”前进，将认识论与辩证法相结合，提出了认识过程的辩证法，扩展了马克思主义认识论和人性论。由此可知，冯契基于马克思主义人性论，提出了“哲学的人性论”。它是马克思主义哲学与中国传统哲学、西方近现代哲学相互会通、超越、融合的成果之一，加快了中国马克思主义哲学的发展。概言之，冯契提出的历史性与阶级性，强调的是运用历史与逻辑相统一的方法来诠释和贯彻逻辑与历史相一致的原则，体现出哲学史与哲学元理论相互映衬的“史”“思”之合，推动了哲学理论的创新与发展。此外，冯契还将人的社会性扩充到伦理道德规范层面，将本体论与价值论、伦理学相结合，通过塑造和培养平民化的自由人格来实现人生理想。

由上述可知，冯契虽然在马克思、恩格斯的基础上对人的社会性即历史性与阶级性观点进行了发展和丰富，但并没有从实践层面上来论述社会性对人性的发展的影响。这就导致冯契虽然是沿着实践唯物主义的道路前进，却缺乏哲学元理论与社会实践的结合，致使形上智慧与实践智慧的结合不够紧密。这不得不说是冯契“智慧说”哲学体系和人性论中的一个缺憾。

二、人的本质力量的揭示及其发展

人的本质力量的揭示及其发展，是理解冯契人性论的重要方面，同时也是冯契人性论的内在逻辑主线。在冯契那里，人的本质力量的揭示及其发展过程呈现为：“四重”之界的转化与人的本质力量的生成、知意情与人的本质力量的揭示、文化与人的本质力量的发展。其中，“四重”之界的转化与人的本质力量的生成是基本前提，知意情与人的本质力量的揭示是核心内容，文化与人的本质力量的发展是价值旨归。在这个过程中，人的本质力量通过人的本质的运动过程得以生成，并随着为我之物和文化的全面发展而不断得到揭示和发展。

（一）“四重”之界的转化与人的本质力量的生成

人的本质运动过程及人的本质力量的生成，通过“四重”之界与世界的转化而体现。冯契在广义认识论中，对自然界及其秩序展开了探讨，构建了“四重”之界。在他看来，本然界、事实界、可能界、价值界的相互转化，是人的本质的运动过程。人的本质力量通过人的本质的运动过程而生成。在“四重”之界的转化过程中，人类逐渐完成对世界和自己的认识，从而逐渐占有自身的本质力量，来改造世界和改变自己。有学者指出，“以本然界、事实界、可能界、价值界为基本范畴，冯契先生展开了关于本体论问题的思考，这一考察进路体现了本体论、认识论、价值论的统一”[26]。人性论作为本体论的重要问题之一，自然也需要将本体论、认识论、价值论相统一。

首先，冯契强调的人的本质力量，是根据本然界、事实界、可能界、价值界之间的转化而演变和发展的，更为突出由“自在之物”向“为我之物”的转化与转变，是一种以感性实践活动为基础，人作为精神主体由自发到自觉、自在到自为的过程的产物。

人的本质力量是人能够认识世界和认识自己的基础性精神力量，它不是既成的，而是生成的。在本然界向事实界、可能界、价值界转化的过程中，人的本质力量伴随着人的本质的运动过程而生成。其一，本然界向事实界的转化使得人作为精神主体能够认识到本然界中的客观存在之物，从而完成由“自在之物”向“为我之物”的转化。“为我之物”的形成，意味着人的本质力量的生成和发展。其二，事实界中存在的“为我之物”，能够继续向可能界发展。可能界是根据事实界转化而来的“为我之物”不断发展、变化而形成的。在事实界中存在的“为我之物”，受到可能界中存在着的不同类型的事物的影响而转

㉖杨国荣：《“四重”之界与“两重”世界——由冯契先生“四重”之界说引发的思考》，《华东师范大学学报（哲学社会科学版）》，2019年第3期，第35页。

化成不同评价内容和评判价值，从而能够完成从可能界向价值界的转化过程。其三，受到可能界影响的“为我之物”，最终可以达到价值界。达到价值界或者创造价值的“为我之物”，即人的本质运动生成的人的本质力量得到全面发展后形成的价值载体或自为存在之物。在这个过程中，人的本质力量通过人的本质运动而不断生成和发展，从而完成对人自身本质的真正占有，实现对主客观世界的改造。这也是人的本性得到不断发展的过程。由此可知，作为“为我之物”的人的本质力量的生成，受到“四重”之界和“两重”世界的双重制约。

其次，冯契对人的本质力量的追求，建立在理想人格或自由人格得到培养和实现的基础上。这就涉及应然向实然、实然向应然的转化与转变。依据冯契的观点，理想与事实之间是一种线性关系，理想的形成必须以事实为基础、根据，它的实现意味着新的事实的产生。无论是过去的事实（经验事实）还是现在的事实（现实存在）都是由知识经验转化为经验知识而得到的，也即冯契所说的化所与为事实（现实），以得自现实之道还治现实本身。“所”“与”经过人的感性实践活动被感知后化为事实，这一过程体现了“能”“所”与“所”“与”的关系，也即理想和现实的可能性之间的关系。换言之，理想和自由之间还存在着一层转换关系（化所与为事实）。“能”“所”向“所”“与”的转换，也就是可能性向现实性的转换，也即理想经过“以得自现实之道还治现实本身”的过程后取得的自由状态。由此可知，随着理想化为现实的过程的实现，人获得了自由，养成了自由人格。在这个过程中，人的本质力量通过理想和自由两个载体，不断得以生成，从而得到相应程度的揭示和发展。

最后，冯契对人的本质力量的追求是符合价值原则的，是自觉原则和自愿原则的统一。自觉原则和自愿原则的统一也是人的本质力量得以生成的重要保障。理想和自由作为人的本质力量的形象化、对象化的体现，我们以理想和自由的关系来说明这一观点。理想和自由的实现，意味着理想人格和自由人格的成功塑造、人的本质力量的生成，二者缺一不可。

冯契指出，自由的活动就是追求理想的活动。要获得自由的活动，就必须将“自在之物”转化为“为我之物”，使意识主体获得自由意识。意识主体获得自由意识后，开始逐步激发人的本质力量，并使其对象化和形象化，从而让人通过理想的实现获得自由。也就是说，意识主体获得的自由意识，帮助人们完成理想，实现自由。那么，意识主体也就完成了理想和自由从应然层面向实然层面的转化。在这个过程中，人的本质力量作为伴随理想和自由的实现而不断生成之物，通过理想和现实这两个载体，也不断由应然走向实然，确证人之为人的本质力量，完成对人的本质的真正占有。

总而言之，人的本质力量的生成受到“四重”之界的转化、理想和自由的实现、合理的价值原则的三重影响。在冯契看来，“四重”之界的转化过程是人的本质的运动过程，人的本质力量的生成是人的本质的运动的结果；理想和自由作为人的本质力量的对象化、形象化的产物，通过自在而自为的转化过程来影响人的本质力量的生成；遵循自觉和自愿相统一的价值原则，是人的本质力量能够得以生成的重要保障。需要注意的是，理想和自由既是应然层面的范畴，但又是沟通应然和实然的介质。人的本质力量的生成也是由应然向实然的过程。理想与自由在人类认识世界、认识自己的感性对象性活动中发挥了重要作用，人的本质力量的生成离不开理想与自由的实现。基于此，我们要正确认识理想和自由在人类感性对象性活动中的关系，让人的本质力量随着应然向实然的转化过程不断得到生成和揭示。

（二） 知意情与人的本质力量的内涵及揭示

冯契提出的“哲学的人性论”注重人的本质力量的揭示及其发展，理解其人性论的重要路径就是揭示和运用人的本质力量。他认为理智、意志、情感是人的本质力量的重要组成，通过“转识成智”的过程将人的本质力量与人的本质、人的真理性认识联系起来，使得人类能够在认识世界和认识自己的过程中完成对自身本质力量的真正占有，从而改变自己和改造世界。冯契关于人的本质力量的内涵包括人的本质力量的定义、人的本质力量的表现、人的本质力量的内容及其特征。

首先是人的本质力量的定义。人的本质力量不同于人的本质，但却是人的本质的对象化和具体化。如前文所述，人的本质经过运动过程生成人的本质力量。人的本质力量内化在人的身体之中，需要经过揭示和发展的过程彰显出来。冯契认为，人的本质力量的定义囊括四个方面。

其一，冯契指出，人的本质力量既是先天、遗传形成的，又是人类实践的产物。“人的本质力量有其先天的、遗传的基础，它是生物进化的结果，也是长期人类实践的产物”，“是在人与自然、主体和对象的交互作用中发展起来的”[27]。这种自然的赋予潜在地包含着多方面发展的可能性。我们“还要关注人们在环境、教育和后天的活动中形成的种种习性。……人的本质力量就不可能呈现出来，也不可能成为自在而自为的德性与才能”[28]。也就是说，人的本质力量需要人作为主体进行激发，同时也要客体对主体产生影响和作用，才能促进其得到更好的揭示。

其二，人的本质力量是人的本性和人的本质在社会发展和历史进步中所展现出来的对改变社会发展和推动历史进步起到关键性作用的力量。人的本质力量需要对象化、形象化，才能作用于人的发展。在冯契看来，人的本质力量包含内部力量和外部力量两个部分。人在认识自己和认识世界的过程中，作为精神主体和意识主体的人具有主观能动性，能够对客观事物进行观察和分析。在化“自在之物”为“为我之物”的同时，人的精神力量也由自发进入自觉。质言之，人的本质力量是作为外部力量的物质力量和作为内部力量的精神力量的辩证统一，两者如何转化、如何结合，是冯契“哲学的人性论”中需要探讨的一个重要问题。这点在后文中会进行总结和分析。

冯契认为，内部力量主要由人的天性和德性（精神属性）决定，而外部力量主要由人的社会性，即阶级性和历史性决定。两者共同促进了人的本质力量的发展。“生产不仅为主体生产对象，而且也为对象生产主体。”[29]物质生产和精神生产都是这样。在这种生产中，人把“自在之物”化为“为我之物”，为我之物又使人的本质力量获得发展；人的本质力量本身是自在于主体之中的，而为我之物、文化则使人的本质力量成为自为的。这种自在向自为的转化过程，体现了自由的本质力量。

其三，人的本质力量还特别在于人是有意识的、有理性的。有不少哲学家

㉗冯契：《人的自由和真善美》，《冯契文集》（增订版）第3卷，上海：华东师范大学出版社，2016，第8页。

㉘冯契：《人的自由和真善美》，《冯契文集》（增订版）第3卷，上海：华东师范大学出版社，2016，第8–9页。

㉙马克思：《〈政治经济学批判〉导言》，《马克思恩格斯全集》第46卷（上），北京：人民出版社，1979，第29页。

（如孟子、荀子）将理性视为人之异于禽兽者的特性。马克思主义也肯定这一点，不过，它进一步补充说，人的理性是在社会实践的基础上发展起来的。如劳动使猿脑成为人脑，社会存在决定人的社会意识，故人的精神也有其被决定的一面，这是不能忽略的。

冯契认为，作为人的本质力量的精神，通过四种方式把握世界的发展：包括理论思维的、艺术的、宗教的、实践的，人的自由的本质通过它们来体现。具体而言，自由人的主要德性包括由理论思维而获得的智慧、由实践精神而形成的道德即善，以及艺术活动所具有的美的价值。一是智慧的获得受到理论思维的影响，道德即善体现为实践精神，美的价值通过艺术活动呈现，如此便组成了自由人的主要德性。二是正如马克思《资本论》中所描述的“在这个必然王国的彼岸，作为目的本身的人类能力的发展，真正的自由王国，就开始了”[30]，就是指人的精神力量，人的理性的自由发展。诚然，肉体是精神的承担者，物质是精神力量的基础性存在，必然领域（物质生产）是自由领域（理性的自由发展）的前提。借助相应的对象、物质的媒介，精神力量才能够得到表现、发展。三是冯契从精神境界入手，将境界作了广泛意义上的阐发。“境界一方面有客观的基础，总是根源于现实生活，有现实的内容；但另一方面又是精神的创造，表现了人的本质力量”[31]。由此可知，人的精神力量，是人的本质力量的重要体现和表达。

其四，人的本质力量是在人的本质的基础上形成和发展起来的，人的本质与人的本质力量之间存在辩证统一的关系。一方面，人的本质包括人的类本质和人的本质属性两种不同的界定与判断。人的类本质是人的社会性本质和整体性本质，它主要是用来突显人之为人的特殊性。人的本质属性则主要指构成个人的条件，主要由人的天性和德性来决定。另一方面，人的本质力量的对象化和形象化，其实是人的本质的精神力量的凸显。人的本质力量是随着人在认识自己和认识世界的过程中逐步发展的。它作为一种内化的精神力量，推动了人作为精神主体由自发到自觉、自在到自为的过程的形成。它作为一种外化的物

㉚马克思：《资本论》，《马克思恩格斯文集》第7卷，北京：人民出版社，2009，第929页。

㉛冯契：《人的自由和真善美》，《冯契文集》（增订版）第3卷，上海：华东师范大学出版社，2016，第72页。

质力量，强化了人作为认识主体化“自在之物”为“为我之物”的过程。

其次是人的本质力量的表现。冯契指出，人的本质力量表现在科学、艺术、道德、境界等方面，通过作为精神主体的人的感性实践过程，来完成对自身本质力量的真正占有。在他看来，人的本质力量表现为三重维度。

一是科学、艺术、道德。冯契指出，“科学、艺术、道德是人的本质力量的表现”㉜。科学是对客观真理的总结和归纳，是过程性和具体性的统一。艺术是对人的审美活动和创造能力的总结，体现出人的创造力和生命力。道德是规范人的行为举止和精神品质的内容，体现出人的价值观念和价值追求。由此可知，科学、艺术、道德都是人的本质在化“自在之物”为“为我之物”过程中形成的具体化内容，彰显了人的本质力量，是人的本质力量的表现形式。

二是境界。冯契将人的本质力量与人的精神创造紧密结合，认为“境界是精神的创造，表现了人的本质力量”㉝。境界中既包含了艺术境界，也囊括精神境界、审美境界。境界作为精神的创造，不仅表现了人的本质力量，而且将人的本质力量通过审美活动等感性对象性活动揭示出来。由此可知，境界对人的本质力量的表现是内在与外在的统一，既表现出人的本质力量的对象化，又凸显出人的本质力量的形象化，推动了人的本质力量被揭示。

三是文化创造。冯契认为神话等文化产物，也表现了人的本质力量。他将人的本质力量与文化、艺术境界、神话等内容紧密地联系在一起。认为人的本质力量理应包含文化、艺术境界、神话等产物，从而引申出人的本质力量与知识和智慧的关系。这点在后文中会详细论述。也就是说，冯契不仅对人的本质力量的对象化和形象化进行了阐释和说明，而且把人的本质力量视为联结知识和智慧的重要方式与介质之一。

再次是人的本质力量的内容。冯契认为，人的本质力量由理智、意志、情感三部分构成。理智、意志、情感的统一，是彰显人的本质力量的基本路径。其中理智是人的本质力量的主干，意志和情感是人的本质力量的两翼。

㉜冯契：《人的自由和真善美》，《冯契文集》（增订版）第3卷，上海：华东师范大学出版社，2016，第62页。

㉝冯契：《人的自由和真善美》，《冯契文集》（增订版）第3卷，上海：华东师范大学出版社，2016，第72页。

一是作为人的本质力量构成之一的理智。在冯契“智慧说三篇”中，理智是实现“转识成智”的基础，也是养成德性之智的基础。冯契将“转识成智”的过程阐述为由无知到知、知识到智慧的双重飞跃。知识不仅指人在认识世界的过程中通过基于实践的认识过程的辩证法获得的科学知识和哲学社会科学知识，还包括宇宙万物的发展规律和运动规律，以及人对自己的认识。冯契在人的本质力量中强调的理智，是人通过理性的直觉获得的，经过德性自证、“凝道成德，显性弘道”的过程而发展为智慧，从而获得的真理性知识。由此可知，人的本质力量是存在于自己身体之中的，它通过自在而自为的实践活动不断被揭示出来。

二是作为人的本质力量构成之二的意志。冯契虽然并不强调意志自由或自由意志，但却将自由意志作为人的本质力量的重要内容。在他看来，合理的价值体系需要将自觉原则与自愿原则相统一，个人意志要服从国家意志。由此可知，自由意志的形成离不开人对自身本质的真正占有。而只有人对自身本质完成真正占有，人才能掌握自身的本质力量，完成对人的本质力量的揭示。

三是作为人的本质力量构成之三的情感。冯契认为，理智不是“干燥的光”，对认识论的研究也需要有情感的满足。基于此，他将情感视为人的本质力量的重要内容。情感往往不同于理智，它是一种非理性或者无意识的精神力量，能够通过人的感性实践活动而体现。冯契将情感作为对知识论的重要补充，认为广义认识论是知识论和认识论的结合，自然也需要通过情感的满足才能完成对实践过程中出现的人和物进行认知和评价。如前文所述，人的本质力量的生成是“四重”之界不断转化，并与“两重”世界不断联系的过程。人的本质力量的揭示需要认清本然界、事实界、可能界、价值界之间的转化，情感的获得和形成是人的非理性的力量、无意识的力量与理性思维、理性力量相互融合，达到情感与意志动态平衡的过程。正因为情感作为人的非理性力量，推动了人作为精神主体从感性实践、认识到形成理性思维，所以它体现出人的本质力量的独特内涵。那么，情感就成了人的本质力量的重要内容之一。

最后是人的本质力量的特征。冯契认为，人的本质力量的特征表现为理性与非理性、意识与无意识的辩证统一。作为人的本质力量特征之一的理性与非理性的辩证统一，通过人性的发展过程彰显出来。作为人的本质力量特征之二的意识与无意识的辩证统一，通过人在感性实践活动中的人与物、人与人的双重对象性关系展现出来。在这个基础上，人的本质力量与人的本质存在内在关联。人的本质力量与人的本质密切相关。依据冯契的观点，人的本质力量可以对象化和形象化，使其从人的内部转化出来。冯契对人的本质力量的理解至少是从三个层面展开的：其一，人的本质力量与人的本质存在着一定的区别，它是人的本质的内核和具体化；其二，人的本质力量需要借助人的感性实践活动激发出来，其三，人的本质力量影响人性的发展。

总之，知意情是人的本质力量内涵的体现，人的本质力量的揭示离不开对知意情等人的本质力量的定义、内容、表现、特征的本源阐释。冯契将人的本质力量的揭示与知意情的辩证统一结合在一起，为推动人的本质力量的全面发展提供了方法论思考，打造了认识论和本体论内在统一的思维方式和实践路径。这一思维方式和实践路径的形成，使得文化的发展与人的本质力量的发展紧密结合，为理解自在而自为、自发到自觉的感性实践过程提供了思维范式，为人的本质力量的全面自由发展奠定了基础、提供了条件。

（三）文化与人的本质力量的发展

冯契在对人的本质力量进行揭示后，对人的本质力量的发展也展开了论述。在他看来，人的本质力量的发展需要经过三个环节。其中，由自在而自为是前提，发展“为我之物”是基础，推动文化与人的本质力量的相互发展是核心内容和最终目标。

首先，人的本质力量的发展，是一个由自在而自为的过程。冯契指出，“为我之物既是真理的实现，又是人的目的的实现”[34]“人不仅探究自身的本质力量，同时能动地以天性为基础来塑造自己的德性，自我由自在而自为的过程，既是作为精神主体（心灵）的自觉，同时又是人的本质力量（天性化为德性）的自证和自由发展”[35]。由此可知，人的本质力量的发展，就是一个由自在而自为的过程。其一，冯契指出，人们在实践中认识世界和认识自己，一方

[34]冯契：《人的自由和真善美》，《冯契文集》（增订版）第3卷，上海：华东师范大学出版社，2016，第8页。

[35]冯契：《认识世界和认识自己》，《冯契文集》（增订版）第1卷，上海：华东师范大学出版社，2016，第289页。

面不断地把自在之物转化为为我之物，使自然人化；另一方面又凭借着人化的自然（为我之物）来发展人的本质力量，使人道自然化。其二，人的本质力量的发展，离不开“自在之物”的发展。虽然人的本质力量得到揭示的过程已经完成了自在之物向为我之物的转化，但“自在之物”作为人的本质力量的初级形态，仍需要不断地经过自在而自为的过程，真正完成人的本质力量的全面发展，达到“自由人格联合体”的社会。其三，天性转化为德性的过程实际上就是人的本质力量得到揭示和发展的过程。德性作为人的本质力量的表现形式之一，需要不断复归为自然，从而让人的本质力量不脱离自然界的秩序。本然界、事实界、可能界、价值界的相互转化，始终是人的本质力量得以生成的基础性前提。

其次，人的本质力量的发展，实质上是“为我之物”的发展。“为我之物”是人通过感性实践活动转化而来的能够被人所认识和运用的主观存在，即由客体的主体化。同时，冯契将“为我之物”视为“知意情、真善美的统一”[36]。如前文所述，知、意、情是人的本质力量的重要组成部分。“为我之物”作为知意情、真善美的统一，与人的本质力量具有密切联系。冯契对物质生产和精神生产进行了论述，将它们与为我之物联系起来，并指出：“在物质生产和精神生产中，人把自在之物转化为为我之物，为我之物又使人的本质力量获得发展；人的本质力量是自在于主体之中的，而为我之物、文化则使人的本质力量成为自为的。”[37]由此可知，让人的本质力量发展的过程，也就是对“为我之物”的发展。换言之，冯契将“为我之物”的发展视为人的本质力量的发展，“为我之物”就成为人的本质力量的发展基础。

再次，人的本质力量的发展与文化的发展密切相关。冯契认为，“文化是人的本质力量的表现，而人的本质力量就是在文化的创造和熏陶中发展起来的”[38]。文化的全面发展和人的本质力量的全面发展是相互联系着的。其一，

㊱冯契：《人的自由和真善美》，《冯契文集》（增订版）第3卷，上海：华东师范大学出版社，2016，第89页。

㊲冯契：《人的自由和真善美》，《冯契文集》（增订版）第3卷，上海：华东师范大学出版社，2016，第8页。

㊳冯契：《人的自由和真善美》，《冯契文集》（增订版）第3卷，上海：华东师范大学出版社，2016，第265页。

文化的全面发展受到人的本质力量的揭示和发展的影响。冯契将人的本质力量的揭示和发展与文化的创造和生成紧密结合，认为人的本质力量的揭示和发展可以推动文化的全面发展。文化作为人的本质力量的显现形态之一，包含不同的类别和情形。我们要合理地运用文化的特性，将人的本质力量的揭示和发展与文化的全面发展相结合，推动人的本质力量和文化的全面发展。其二，人的本质力量的揭示和发展离不开文化的全面发展。文化作为人的本质力量的表现之一，能够为人的本质力量的揭示和发展提供精神动力。其三，文化的全面发展和人的本质力量的全面发展存在内在一致性。冯契指出，文化的全面发展也就是人的本质力量的全面发展，两者共同推动历史的发展和社会的进步。文化和人的本质力量的全面发展要求理性和非理性、意识和非意识的全面发展，这也就是知意情、真善美的全面发展。

最后，人的本质力量的发展目标是造就真、善、美统一的自由人格。冯契指出，“科学、艺术、道德中的乐趣，则是以发展人的本质力量为目的的。人的本质力量发展的目标就是造就真、善、美统一的自由人格”[39]。为了达成这一目标，冯契对如何培养和造就自由人格提出了相应的方法和路径。在他看来，自由人格的培养离不开对人的本质力量的全面发展，需要将文化的发展与人的本质力量的发展紧密结合。例如，要加强人的文化素质教育，将文化素质教育与实践教育相结合；塑造和培养积极健康的人生观和世界观，养成自由的个性。

综上所述，冯契对如何揭示和发展人的本质力量，提出了相应的观点和看法。其中，“四重”之界的转化与人的本质力量的生成是前提性基础，知意情与人的本质力量的内涵及揭示是核心内容，文化与人的本质力量发展是价值导向。正是在这样的逻辑遵循下，冯契逐渐将人的本质力量中的非理性、无意识的因素转化为理性因素，推动人性的发展的同时使得理性与非理性、意识与无意识之间的对立达到动态平衡（统一）。人类实践活动总是伴随着非理性因素向理性因素的转化，人与人、人与物的双重对象性关系也会逐渐由非理性走向

㊴冯契：《人的自由和真善美》，《冯契文集》（增订版）第3卷，上海：华东师范大学出版社，2016，第62-63页。

理性，这种理性是工具理性与价值理性、经济理性与政治理性的有机统一[40]。进而言之，随着社会的进步，理性总是越来越起着主导的作用，那种非理性、无意识的力量还需要靠理性来得到正确的诠释；而且随着人的本质力量的发展，人的情欲、直觉和本能会越来越具有理性的色彩，所以不能得出非理性主义的结论。同时，也不能过分依赖理性主义，两种偏颇皆不能取。而是要沿着冯契关于文化与人的本质力量的全面发展的观点继续深入思考，在人性及自由问题上达到理性与非理性的辩证统一。

三、理想观

理想观是冯契人性论的一个重要内容。通过对冯契的理想观进行论述和分析，可以进一步理解理想在价值论视域下具有的伦理学意义。冯契将理想的实现视为自由的获得，认为理想是自由的产物之一。冯契的理想观囊括四个方面：理想的定义、个人理想与社会理想、理想与人的本质力量、理想与现实的关系。

（一） 理想：知、意、情和真、善、美的统一

冯契在其《〈智慧说三篇〉导论》中对理想进行了一定的论述和阐发。他指出，“理想的实现意味着人的自由：就客体说，……因天资之材来造就具有自由德性的人格”[41]。换言之，理想在主体和客体两个层面承担着不同的作用，它们共同推动人的自由全面发展。在这里，冯契并没有对理想一词进行具体的概念界定，而是对理想的实现作用于主体与客体的区别进行了分析，是从价值论层面来分析理想的具体作用。

冯契所用的“理想”一词是广义的，它把革命理想、社会理想、道德理想、艺术理想、建筑师的设计、人们改造自然的蓝图，以及哲学讲的理想人格、理想社会，都包括在内。人类精神的任何活动领域，都是在现实中吸取理

㊵魏小萍：《从双重对象性关系中解读马克思人的本质思想》，《四川大学学报（哲学社会科学版）》，2022年第2期，第5-12页。

㊶冯契：《〈智慧说三篇〉导论》，《冯契文集》（增订版）第1卷，上海：华东师范大学出版社，2016，第44-45页。

想，再把理想转化为现实。理想必须是反映现实的可能性，而不是虚假的可能性。理想还必须体现人的合乎人性的要求，特别是社会进步力量的要求，同时用想象力构想出来。如此，它才能激发起人们的感情，成为其前进的动力。以上是对冯契从宏观层面（最普遍定义）对理想这一概念的界定和诠释所做的分析，接下来笔者将尝试从微观层面来具体地分析冯契关于理想概念、范畴的诠释及其理想观的主要内容。

在上述基础上，冯契形成了以追求自由与真善美相统一的理想观。他的理想观从知情意、真善美的统一来论述个人理想与社会理想，推动了个人的发展和历史的进步。在冯契看来，理想的实现意味着人的自由，意味着人的本质力量的对象化和形象化，意味着个人理想与社会理想的共同发展，意味着理想与现实的辩证关系得到进一步的阐释。

首先，冯契明确指出，理想是知、意、情和真、善、美的统一。理想实现的过程，就是在价值论视域下人的目标、人的目的不断达成的过程。从这个方面来讲，理想和真理一样，都具有过程性，是一个个阶段性的目标得以实现的精神动力。在冯契看来，理想的实现不仅意味着化理想为现实，更意味着化理论为德性。只有真诚的、美好的、善良的理想，才能为人类历史发展和社会进步带来前进的动力。那些邪恶的、丑陋的、虚无的理想，是人类实践活动中的绊脚石，会减缓人类历史发展和社会进步的脚步。基于此，冯契提倡的是知情意、真善美相统一的理想。

其次，从认识的过程来说，我们首先要掌握经验知识、把握自身的情感、形成自我意识，才能在精神主体从自发到自觉、自在到自为的过程中逐步实现个人的理想，即只有精神主体（意识主体）中存在着的知识、情感、意志等非理性因素等都得到辩证发展，也即知、意、情与真、善、美的统一。实现个人理想代表着形成社会理想，只有社会上每个个体的理想都得到实现，社会理想才能得以形成和实现。“真理总是具体的，理想的实现也是具体的。”[42]理想是具体性与真实性的统一，只有将现实的可能性与可能性的实现相结合，才能真正地、完整地达到自由这一理想状态。

---

[42]冯契：《人的自由和真善美》，《冯契文集》（增订版）第3卷，上海：华东师范大学出版社，2016，第145页。

最后，冯契认为从具体到抽象再由抽象到具体的认识必然是一个归纳与演绎相结合、分析与综合相结合、逻辑与历史相统一的过程，且符合由无知到知、由知识到智慧的双重飞跃，同时又满足由天性到德性、由德性复归为天性的双向运动过程。基于此，冯契将本体论、认识论、价值论相贯通，认为个人作为主体，在对客体的认识过程中必然包含着对某一事物或者人的评价。因为在冯契看来，"从认识运动来看，评价是包含在认识之中的"[43]。换言之，认识包含着评价，认识的过程从本质上来说是人要求自由、追寻自由的目的和结果，而这个结果和目的是需要社会和历史的主体对其作出评价的，是一种实现理想的价值手段。从这个方面来讲，理想的实现也离不开社会和历史主体的评价机制的判断，理想也包含在认识之中，需要通过评价机制来进行一定的判断。

此外，冯契断言人的自由活动就是"化理想为现实，使自在之物化为为我之物""人要求自由的本质就展现为自在而自为的过程"[44]。在他看来，真理、理想和自由之间是存在一定的辩证关系的。"理想必须是现实可能性的反映，必须体现人的合乎人性的要求，必须是人们通过想象力构想出来的。"[45]而自由就是让人的理想得到实现。真理不同于人的理想，它必须是满足某一领域内的基本条件而得到的适用于一般领域的绝对性的当然之理。由此可见，真理可以说是实现理想的一个现实基础和理论保证，而自由则是将理想化为现实的一种实现个人价值的活动。也就是说，真理决定了理想的必然性，自由决定了理想的可能性，真理可以不依靠理想和自由而单独存在，理想必须通过自由的活动获得的真理来实现，同时人的自由和人追求自由的本质力量又在实现理想的过程中发挥着重要作用。换言之，理想转变为现实的过程就是追寻真理的过程，而最终将自在之物转化成为我之物对历史发展、社会进步作出贡献则是人们逐渐从必然王国走向自由王国，实现最终的自由的必要路径和条件。由此可知，

㊸冯契：《人的自由和真善美》，《冯契文集》（增订版）第3卷，上海：华东师范大学出版社，2016，第48页。

㊹冯契：《人的自由和真善美》，《冯契文集》（增订版）第3卷，上海：华东师范大学出版社，2016，第24页。

㊺冯契：《人的自由和真善美》，《冯契文集》（增订版）第3卷，上海：华东师范大学出版社，2016，第4页。

在冯契提倡的理想观中，理想和自由之间是互为前提的，真理和理想之间是相互促进的，而真理和自由之间是对立统一关系。

（二） 个人理想与社会理想

个人理想的树立与实现，社会理想的塑造与达成，是实现哲学终极目标不可忽视的重要条件。冯契所注重的是个人理想与社会理想的辩证统一，个人理想不能因为与社会理想有所不同而受到打压和排斥，社会理想也不能脱离个人理想而单独存在。也就是说，个人理想在受到尊重的同时，也要在一定限度内服从于社会理想或者说是符合社会理想的具体内容、实现方式、发展方向。

冯契将个人理想、社会理想与知情意、真善美相联系，认为个人理想和社会理想的实现，不能离开知情意、真善美的统一。在此基础上，冯契运用合理的价值体系准则，把理想划分为两大方向、三个部分。即个人理想与社会理想，真与个人理想、善与道德理想、美与审美理想。

首先是真与人生理想。在冯契看来，真理性的认识符合人们的利益，合乎人性的发展，它便不是光溜溜的“真”，而且同时是好的、美的，于是“真”成为价值范畴[46]。“从价值范畴讲，‘真’指符合人们利益、合乎人性发展的真理性认识。”[47]也就是说，作为价值范畴的“真”是符合人类利益、合乎人性发展的真理性认识，自然包含了功利与真理、人性与真理的关系问题，是以真理性认识为呈现形式，参与到人的感性实践活动中去。同时，“真”作为人生理想的评价指标之一，促使人认真对待自己的人生理想，为获得人生理想和实现人生理想制定人生规划和遵守价值准则。

进而言之，作为价值范畴的“真”，要具有科学性和现实性。一切科学的理论都具有双重价值，一方面要求合乎人类利益，能够成为人们求利谋幸福的工具，另一方面在于锻炼思维能力、培养人的科学精神和理性力量。同时，作为价值范畴的“真”，与善、美不可分割，理性与情感、意志统一于人的精神。这种真理性认识即智慧，它既是客观存在的反映，又是主观精神的表现。智慧

㊻冯契：《人的自由和真善美》，《冯契文集》（增订版）第3卷，上海：华东师范大学出版社，2016，第131页。

㊼冯契：《人的自由和真善美》，《冯契文集》（增订版）第3卷，上海：华东师范大学出版社，2016，第130页。

总要求取得理想形态，具有价值意义，真理性认识包括对自然、人生的认识，既包括局部的分门别类的科学知识，也包括整体的哲学认识[48]。概而言之，作为价值范畴的“真”，直接参与到人的认识实践活动中。它对人如何认识世界和认识自己、发展自己和改造世界起到价值导向和价值规范的作用，能够不断推动个人理想的形成和发展，使之与社会理想相融合、相促进，共同推进社会和国家的进步与发展。

历史上许多重大的行动，往往都是自发性的。从能动的革命的反映论来看，总是社会存在决定社会意识，社会意识又反作用于社会存在，这样逐步经历由自在到自为、由自发到自觉的过程。在冯契看来，如果社会意识能如实地反映社会存在的本质，那么这就是真理性认识，这样的认识包含着对人的本质力量的认识，体现了人的本质力量的发展。也就是说，由价值范畴的“真”内化而成的真理性认识，不仅是个人理想和自由形成的重要条件，也是对人的本质力量的呈现和人的本质力量的发展过程的凸显。

如中国近代反帝反封建的革命斗争也经历了自发到自觉的过程。它从洪秀全开始，经历了维新派、资产阶级革命派，直到以李大钊为代表的中国共产党提出了“大同团结和个性解放统一”的理想，后来又形成毛泽东的新民主主义理论，从而达到比较自觉的地步，包含着科学的真理性认识。冯契断言这样的认识是一定时代人的本质力量的体现；它转过来又使革命人民受到教育，培养了一代具有革命品格的战士。这种理论之所以能对培养革命品格起那么大的作用，在于它并非外加于人性，而恰恰是人性中自在地萌发出来的，并逐渐取得理论形态。中国人自鸦片战争以来，不断地进行自发的反帝反封建的斗争，“通过群众的革命斗争来改变世界”，这种革命世界观，起初是不自觉的自发的要求，通过实践与教育而逐步达到自觉，在一定意义上就是唤醒了人本身所固有的自在的东西，也可以说是“人性的复归”。故化理论为德性，把理想化为现实，归根结底是由自在而自为的过程。在这个意义上，每次自觉都是一次人

⑱冯契：《人的自由和真善美》，《冯契文集》（增订版）第3卷，上海：华东师范大学出版社，2016，第137页。

性的复归[49]。当然，这不等于理学家所讲的"复性"说。"复性"说的错误在于：它讲"天命之谓性"，人性中一切乃天所赋予，生来就具备，一旦复性便可成为圣人。因此，这是形而上学的。我们把人性看作是螺旋式、无限前进的过程。每次自觉、自为，并非是外加的，而是在实践中自发、自在的东西被唤醒。我们不能把人的觉悟的提高看作是从外面输入的，也不能把自在而自为看作是一次完成的"复性"[50]。

冯契通过革命世界观的形成和发展，探讨了中国人的反帝反封建过程中逐渐由自发而自觉、自在而自为的认识世界和认识自己的过程；认为由自发到自觉、自在到自为的过程虽然是"复性"的过程，但理应是在"复性"中不断"成性"的演变过程。人性在发展的过程中是不断"复性"而"成性"又"复性""成性"的循环，我们既要将"复性"与"复性"说相区别开来，更要深入地探究"人性的复归"对人的本质力量的形成和发展的影响。

值得注意的是，冯契虽然将价值范畴的"真"视为人的感性实践过程中获得的真理性认识，但更加注重由此形成的人生理想和作为整体的社会存在及社会意识。在他看来，社会现象离不开人的意识活动，人的意识活动都是精神力量的表现。人性的发展过程即人道[51]。人道与天道密切相关，两者不可分离。人性以实践为基础，通过与天道的交互作用发展起来。冯契指出，性与天道的交互作用，是自然的、历史的过程。我们要以认识客观真理为目的，来认识世界和认识自己；人总是根据对自己的认识来勾勒人生理想，并使之在实践过程中能够转化为现实。关于人道和人性的真理性认识，具有价值意义，并且也是客观的。人们正是根据这种对人道与人性的真理性认识来确立科学的人生理想，以求实现人的价值。

其次是善与道德理想。作为价值范畴的"善"，通过道德水平的高低来体现。道德理想作为人生理想的重要组成部分，能够在价值领域内为人的自由全

㊾冯契：《人的自由和真善美》，《冯契文集》（增订版）第3卷，上海：华东师范大学出版社，2016，第136页。

㊿冯契：《人的自由和真善美》，《冯契文集》（增订版）第3卷，上海：华东师范大学出版社，2016，第136页。

(51)冯契：《人的自由和真善美》，《冯契文集》（增订版）第3卷，上海：华东师范大学出版社，2016，第137页。

面发展提供伦理道德规范。

冯契将“善”视为比“真”更高一层次的价值追求。在他看来，“善”以“真”为前提，所以社会发展规律和人性自由发展的要求，比道德规范更有力。历史发展到一定阶段，原来认为是神圣的道德规范，就可能向反面转化，成为束缚人性、违抗规律的东西，这时就必须用革命的力量对旧的神圣事物进行批判、反叛，以求改变社会习俗所崇奉的道德秩序[52]。基于此，冯契对真正自由的道德行为作出了界定与判断。强调“真正自由的道德行为就是出于自觉自愿，具有自觉原则与自愿原则统一、意志和理智统一的特征。一方面，道德行为合乎规范是根据理性认识来的，是自觉的；另一方面，道德行为合乎规范要出于意志的自由选择，是自愿的。只有自愿地选择和自觉地遵循道德规范，才是在道德上真正自由的行为。这样的道德行为才是真正自律的，而不是他律的”[53]。

再次是美与审美理想。审美理想是人生理想的重要方面，它是对人的本质力量形象化后形成的理想。人的本质力量由多方面组成，而且是历史地发展着的，是共性和个性的统一。审美理想通过人的鉴赏和艺术活动具体化，成为包括意境、典型性格等的艺术形象。

其一，以艺术理想为例，来阐述审美理想。冯契指出，“在艺术作品中，人和人的生活本质反映在艺术的典型形象之中，使审美理想具体化，成为现实的事物。这种理想不是抽象的概念，也不同于规则和规范，而是体现于生动的形象，渗透了人的感情”[54]。由此可知，艺术理想是具体的、生动的，灌注了人的感情。而审美理想作为艺术理想的总体性存在，自然是具体且生动的，通过美的活动来揭示和发展人的本质力量。

其二，通过“言志”说和意境理论，来阐发感性形象与审美理想的关系。冯契对中国传统的“言志”说和意境理论进行了分析和总结，认为中国近代对

---

[52]冯契：《人的自由和真善美》，《冯契文集》（增订版）第3卷，上海：华东师范大学出版社，2016，第169页。

[53]冯契：《人的自由和真善美》，《冯契文集》（增订版）第3卷，上海：华东师范大学出版社，2016，第173页。

[54]冯契：《人的自由和真善美》，《冯契文集》（增订版）第3卷，上海：华东师范大学出版社，2016，第178页。

“言志”说和意境理论的研究过分局限于两个理论的本身，而没有将它们与审美理想联系起来，没有达到知、意、情和真、善、美的统一。基于此，冯契引入感性形象，并将其个性化，使中国传统的“羚羊挂角”与“金刚怒目”联系起来。他认为美与审美理想的塑造，需要通过艺术来体现“道”、体现生活的逻辑。从这个意义上出发，“金刚怒目”的传统比“羚羊挂角”的传统更为重要。因为时代精神往往需要通过更为明显的艺术冲突彰显出来，同时也不能失去其细腻之感。

最后，在价值领域，真理性的认识不仅具有工具性价值，更重要的是，它和人性的自由发展密切相联系，为人们提供了人生理想（社会理想和个人理想），引导人们在实现理想的活动中改变世界和发展自己。个人理想和社会理想之间的关系类似于“大我”与“小我”的关系。这其中涉及群己之辩。中国传统哲学和传统文化将“立功、立德、立言”视为“三不朽”，即人的精神力量和人的需要、社会的发展紧密联系，个人理想和社会理想要达到和谐共存的状态，才能够得到更好的实现。从这个方面来看，个人理想与社会理想是随着人性的自由发展程度而改变的，同时也受到社会现实的影响。因此，我们需要根据人性的自由发展程度来审视理想，并应该合理地考虑理想与现实的关系。

（三）理想与人的本质力量

在冯契看来，人的本质力量的对象化、形象化过程，也是人的理想的树立和实现的过程。人的本质力量的对象化、形象化，是推动人的本质力量发展的重要手段和方法。在马克思看来，“我的对象只能是我的一种本质力量的确证，就是说，它只能像我的本质力量作为一种主体能力自为地存在着那样才对我而存在”(55)。由此可知，人的本质力量的确证需要一个与我相对的对象，而我本身就具备一种自为存在的主体能力——我的本质力量。冯契在马克思的基础上，将人的本质力量的确证与人的理想相联系，通过人的本质力量的对象化和形象化过程，来彰显作为人的主体能力存在的本质力量。一方面，人的本质力量的发展受到理想人格和理想境界的影响；另一方面，理想的形成是人的本质

(55)马克思、恩格斯著，中共中央马克思恩格斯列宁斯大林著作编译局编译：《马克思恩格斯文集》（第1卷），北京：人民出版社，2009，第191页。

力量得到揭示和发展的重要因素。

人的本质力量与理想的关系是怎样的呢？依据冯契的观点，人的本质力量的对象化和形象化，可以构成人在美学、艺术等方面的能力和潜能，激发人的理想，使理想基于现实的可能性得到实现。也就是说，人的本质力量对理想来说是作为一种精神力量的载体而存在，如何揭示人的本质力量及促进其发展，是实现理想的必要条件。

首先，人的本质力量受到人道和天道的双重制约，只有同时符合人性的发展和人道、天道准则的规定，才能逐渐揭示人的本质力量和实现人的本质力量的对象化和形象化。而人的本质力量的对象化和形象化，就是人的理想形成和实现的条件及过程。也就是说，人的本质力量的对象化和形象化，使得人们能够基于现实的可能性，让理想得以形成，并能够化理想为现实。因此，人的本质力量的对象化和形象化是揭示人的本质力量的方法和途径，而理想的实现也就是揭示人的本质力量并促进其发展的过程，并能够在一定范围内使现实的可能性得到实现。

其次，人的本质力量受到精神主体（人）的影响，只有将“自在之物”转化为“为我之物”，让本然界向事实界转化，通过自然的人化过程，形成人化的自然，才能够更好地理解和掌握人的本质力量。在理解和掌握人的本质力量后，我们通过揭示和激发人的本质力量，即本然界向事实界、事实界向可能界进行转化，最终形成最高的价值界，从而使得人们可以按照认识过程的辩证法来认识自己和认识世界。这其中最为重要的环节就是本然界、事实界、可能界、价值界之间的相互转化过程。理想作为一种价值追求，在这个转化过程中承担着催化和加速的作用。人的本质力量的对象化和形象化就是理想的一种呈现形态。人的本质力量反作用于精神主体（人），精神主体（人）对理想的追求则能够促进人的本质力量的发展。人的本质力量得到发展，人的理想也逐渐得到实现。

再次，人的本质力量是理想的载体，也是理想得以实现的精神力量。依冯契的观点，人的本质力量的对象化和形象化可以促进理想的产生。理想是依据现实存在和现实的可能性而形成的，我们要根据现实社会的实际情况和自己的人性能力来制定适用于自我和社会的理想。也即根据每个个体的本质力量的不同来进行想象和激发现实的可能性，得到适用于自己的个人理想、社会理想。

冯契认为，人的本质力量与理想之间存在着密切的联系。人的本质力量可以影响精神主体（人）的认识活动，而理想的实现作为目的因和形式因，能够激发精神主体（人）的主观能动性。这就间接影响着人的本质力量的发展，从而影响理想的实现和自由的获得。如此，人的本质力量得到揭示和发展的过程，同时也是理想根据现实的可能性得到确立的过程。它们共同经历了人将“自在之物”化为“为我之物”的感性实践过程，人的本质力量和理想作为精神主体（人）由自发到自觉的产物，共同推进了人类认识世界和认识自己的进程。

又次，我们在揭示和运用人的本质力量形成理想，并促进其发展的过程中，要注重方式、方法。如冯契所言，人的本质力量及其发展是推进人类认识世界和认识自己的重要精神力量。在揭示人的本质力量及其发展的过程中，人的本质力量需要对象化和形象化，并与天性的发展和德性的培养紧密相连。理想的形成和实现就是人的本质力量的对象化和形象化的目的和结果，而理想转化为现实，则完成了人的本质力量的一个由内及外的揭示和发展过程。在这个过程中，人的天性逐步向人的德性转化，人的德性逐步向人的天性复归。

最后，人的本质力量的揭示及发展和人的理想的实现，是实现平民化自由人格、实现人的自由全面发展的重要基础。理想的形成与理想的实现，是一个由事实界转化为可能界，再由可能界上升到价值界的过程。一方面，人的本质力量作为人的精神主体（意识主体）的产物之一，决定人的理想的获得和自由的实现，能够让人获得自由全面的发展；另一方面，理想作为人的本质力量的对象化和形象化的产物，在将现实的可能性转化为事实的同时，更加充分地体现了人的本质力量在感性实践过程中对人类认识世界和认识自己所起到的能动作用。换言之，人的本质力量决定了理想的高度和厚度，而理想的实现决定了人的本质力量的发展趋势和状态。两者之间存在着一定的关联，不能离开人的本质力量去空谈理想，也不能只谈理想而忽视人的本质力量在感性实践活动中的重要地位。

（四）理想与现实

理想与现实的关系问题，一直是冯契“智慧说”哲学体系中非常重要的一部分，也是其人性论思想中需要思考的重要内容。在冯契看来，理想能够化为现实，现实也可以激发理想，二者在同一历史语境中是互为前提的关系。为什么这么说呢？因为理想的实现意味着自由在一定范围内得到实现，那么这一部分的自由就会转变为现实，成为现实的基础之一。人要想获得更多的自由，就必须将现有的现实凝聚和提升为新的理想，并使其能够实现。进而言之，理想与现实之间存在的不仅是互为前提的关系，而且是能够相互转化的。人的理想既受到现实条件的制约，又促使人们去改变现实。在这个循环往复的过程中，人就逐渐由必然之域走向自由之域，最终实现由必然王国走向自由王国的终极目标和终极理想。由此可知，理想既是抽象的，又是具体的。理想在现实中展开，现实的可能性是实现理想的基础。

首先，冯契对理想进行过最本质的界定，即理想是知情意、真善美的统一，人的认识、意愿、感情、想象等因素综合地体现在理想之中(56)。在这个基础上，他通过认识过程的辩证法和“化理论为方法、化理论为德性”的路径，将理想的实现诠释为精神主体由自发到自觉、化“自在之物”为“为我之物”的过程，同时又实现了从无知到知、知识到智慧的两次飞跃。也就是说，理想的形成和理想的实现与认识的过程、真理检验的过程一样，是一种螺旋式的上升过程，经历过多次反复，才能达到下一个起点。

理想相对于现实来说，本来是超越的，理想是观念的东西；但是主体根据物质运动所提供的现实的可能性来提出理想，把它作为目的贯彻在人的活动中，如此它作为目的因就内在于现实和人的认识过程中。在这一活动中，目的因在贯彻过程中创造了价值。自由的精神是“体”，而价值的创造是“用”。只有实现“即体即用”，才能完成由现实到理想、理想到现实的转换。换言之，理想和现实之间存在着“体用不二”的关系。

其次，冯契指出，理想和现实中间还夹杂着以理想为载体的自由，自由的实现意味着理想成为现实。当理想照进现实，则自由将会进一步向前发展。换言之，理想和现实的交互作用，就是自由不断反复和实现的过程。那么，理想的实现是否意味着现实的可能性成为确定性呢？在笔者看来，现实的可能性受

(56)冯契：《人的自由和真善美》，《冯契文集》（增订版）第3卷，上海：华东师范大学出版社，2016，第5页。

到自由观念的影响，自由的实现意味着理想化为现实。换言之，在自由得到实现的条件下，理想也就转化为现实。由此可知，理想的实现意味着将现实的可能性转变为确定性。但这种确定性是暂时的，不是一劳永逸的。理想如同真理一般，具有过程性。理想可以划分为不同人生阶段的不同目标，但它们都是为了最终理想的实现而存在的。也就是说，理想的实现抑或自由的实现，总是存在着、夹杂着真实与虚幻的想象，只有经过一步步实践检验的过程，才能在不断实现和转化为现实的过程中达到真正的自由。换言之，在理想和现实之间，还存在着理想和自由、自由和现实的关系问题。

再次，冯契将理想的实现认定为自由的获得，并将自由的实现理解为理想人格的形成。理想与现实相互交织，现实是实现理想的基础，而理想的实现是改变未来的现实的可能性基础。自由与现实、现实与理想、自由与理想之间，存在着相互影响、相互联系、相互制约的关系。“一个真实的理想、具有现实性的理想，可以说是一个具体概念。”[57]科学理想具备以下要素：其一，它是现实发展规律可能性的反映。如果不反映客观规律提供的可能性，和客观规律相违背，那就是空想，不是真正的理想。其二，一个真实的理想体现人的意志、要求、目的，它为人的行动提供动力。在人的行动中，理想鼓舞人们前进，目的作为法则贯穿于其中。其三，一个真实的理想总是这样那样地形象化。一般而言，概念已在一定程度上寓于具体的形象，具有了感性的特征，而且往往或多或少灌注了人的感情。人的感情总是同感性形象相联系着，而我们构思一个蓝图、拟订一个方案，总是在不同程度上形象化了的。其四，人的认识、意愿与情感反映在理想之中，理想变成现实，就是人的本质力量的对象化。从科学的理想的构成可知，理想是具体的概念，遵循一定的现实基础。也就是说，理想的实现不仅表现为自由的获得，还应符合相应的现实基础；自由的实现更需要真实的理想作为基础，同时也意味着理想人格的形成。

又次，理想的实现与现实的可能性相互影响。理想是依据现实的可能性来进行想象的，是具有阶段性和连续性的可以达到和完成的目标和目的。如科学的理想的形成与实现，亦是如此。一方面，真正的科学的理想，是始终围绕社

---

[57]冯契：《逻辑思维的辩证法》，《冯契文集》（增订版）第2卷，上海：华东师范大学出版社，2016，第149页。

会的现实和社会的发展方向来制定的，一旦脱离了这个范围，就会成为空想。现实的可能性也就没有办法达到，抑或是成为不可能实现的可能性。另一方面，科学的理想也需要现实的社会实际来支撑，更需要符合当下的社会意识形态和发展趋势。由此可知，科学的理想的形成意味着它符合现实的可能性，可以通过对人的本质力量的揭示及发展来实现。

最后，理想与平民化自由人格的培养也存在着关联。如前文所述，理想被冯契视为知意情、真善美的统一。他借助作为价值范畴的“真”“善”“美”，将理想划分为个人理想、社会理想、道德理想和审美理想，探讨了真与人生理想、善与道德理想、美与审美理想之间的关系；认为美以真、善为前提，美和真、善之间具有相互促进的作用。平民化自由人格的培养需要科学的理想的支撑，需要将知情意、真善美相统一；从这一方面来讲，平民化自由人格的培养离不开理想的实现过程。

综上所述，理想的实现意味着现实的可能性得到实现，而实现了理想也就完成了“从0到1”的转变。进而言之，理想的实现与否，既取决于社会历史环境，也受到个人心理状态的影响。理想总是源于现实而又高于现实，但现实的可能性始终是理想得以获得和实现的基础。由此可知，理想的作用体现在日常生活中的方方面面。我们不能没有理想，也不能凭借错误的、不合实际的理想来影响自己。要将自我的想象与现实的可能性相结合，在最大限度发挥自我想象空间的前提下，注重社会现实条件，使理想既来源于现实，又高于一定的现实，同时能够与现实相结合，使现实的可能性与实现的必然性相统一，使理想的实现与现实的可能始终保持一种动态平衡（达成偶然性与必然性的协调一致）。

四、自由观

冯契的自由观（自由理论）对自由进行了界定和划分，并从本体论与认识论、价值论的统一来论述人与自由的关系。在他看来，人的自由是将理想转变成现实，将自在之物化为为我之物；使主体由自发到自觉，客体由自在到自为的“自由的活动”的实现过程。在这个过程中，要注重自由与必然的关系，人性与自由的发展，并不断培养自由的德性，培养“平民化的自由人格”，推动个人的发展和社会的进步。

（一） 自由：化自在之物为为我之物

“自由”既是一个政治概念，也是一个哲学范畴。严复在翻译外国文献的过程中，将“liberty”和“freedom”均用“自由”来加以解释。所以，自严复开始，国人所言之“自由”，既有“自由、平等、博爱”中的自由之意，也有与必然相对的自由之理。冯契将自由与人性能力的培养、人性的发展、理想的追寻紧密相连。在他看来，人在“认识必然、改造世界、获得自由的基础上，以人本身为目的来发展人的能力、德性，使人成为自由的个性”[58]。有学者指出，冯契眼界中的自由范畴具有四个特点：第一，实践性，强调实践是自由的源泉。第二，综合性，它是真善美的统一，知情意的统一。第三，过程性。第四，相对性、有限性[59]。

进而言之，冯契在《认识世界和认识自己》中从认识论的角度对智慧与自由的关系进行过总体性的概述：“智慧是关于宇宙人生的真理性认识，它与人的自由发展有内在联系，……也是一个实现人的要求自由的本质的活动。”[60]这与冯契在《人的自由与真善美》中从价值论视域来阐述的自由概念和范畴存在着一定的区别。我们需要从广义认识论的高度将冯契在两个不同视角下对“自由”的阐发相结合，探寻自由的本质。

首先，冯契在实践中考察自由问题，认为自由的活动体现在同一事件的两个不同方面：一是从现实世界中构建理想，二是将获得的理想转化为新的现实。这一活动使人感受到自由的同时自身获得自由。基于此，可以将人的自由理解为：将得自现实的理想转化为现实、从自在而自为。那么，“自在”“自为”和“自在而自为”的过程又应如何理解呢？冯契对此作出了阐述和分析。

---

[58]冯契：《认识世界和认识自己》，《冯契文集》（增订版）第1卷，上海：华东师范大学出版社，2016，第59页。

[59]王向清：《冯契的自由学说及其理论意义》，《湖南师范大学社会科学学报》，2008年第1期，第5-9页。

[60]冯契：《认识世界和认识自己》，《冯契文集》（增订版）第1卷，上海：华东师范大学出版社，2016，第56页。

“自在”和“自为”在黑格尔那里，是指概念的两个阶段。在“自在”阶段，概念保持原始统一性，对立因素是潜在的；随着概念的发展，对立因素显现出来了，然后概念回复自身，达到对立面的统一，这就是自在而自为的过程。

冯契指出，马克思对黑格尔的术语进行了改造，将精神主体理解为：必须经过自发到自觉的过程，并且是与人通过实践和认识的反复活动、化“自在之物”为“为我之物”的过程相一致的。人对自由劳动的要求是在人与自然、主客体之间的交互作用中逐渐地发展起来的。可以说，人的自由的形成和发展离不开相应的对象和为我之物。基于此，冯契认为“为我之物可说是真、善、美三者的统一”(61)。在他看来，人并非是天生自由的，之所以能够由自在而自为，并逐渐获得自由，正是由于人在接受与获得知识的前提下，处在化“自在之物”为“为我之物”的过程当中。

其次，自由在必然之域中可以理解为：严格按照自然必然性和尽可能在适合人性的条件下来进行的种种物质变换。超越这个现实的物质生产之上，在由必需和外在目的规定要做的劳动终止的地方，“作为目的本身的人类能力的发展，真正的自由之域，就开始了”(62)。人类历史的每一次重大进步和飞跃，都可以说是由必然之域向以发展人类的本质力量（知、意、情等）为目标的“真正自由之域”的进步。所以在不同的价值领域，自由有不同的含义，需分别加以考察。冯契认为，对自由的考察，不仅要区分物质的和精神的，还要区分真、善、美等不同领域的。“从认识论来说，‘真’作为价值范畴，是指客观真理的认识是真诚的理性的需要，而自由就是这种体现理性精神的真理性认识在改变世界和造就自己中作为理想得到了实现……于是人们便从对美的事物的欣赏中获得自由的美感。”(63)由此可知，自由是不断发展的，不是一成不变的。同时，又是以马克思实践观点为基础，沿着实践唯物主义道路前进，体现出来的外在的、积极的自由。可见，冯契的自由观是内在的自由与外在的自由的辩证

(61)冯契：《智慧的探索》，《冯契文集》（增订版）第8卷，上海：华东师范大学出版社，2016，第89页。

(62)马克思：《资本论》（第三卷），《马克思恩格斯全集》第25卷，北京：人民出版社1974，第926-927页。

(63)冯契：《〈智慧说三篇〉导论》，《认识世界和认识自己》，《冯契文集》（增订版）第1卷，上海：华东师范大学出版社，2016，第45-46页。

统一。而内在的、消极的精神自由相对于外在的、积极的自由来说，更是冯契人性论中重点关注的对象。如前文所述，冯契提出的“哲学的人性论”始终与自由密切相关，人性的自由和自由的人性作为理想的一种形态，具有积极、乐观的一面。但冯契更加注重的是内在的、消极的自由，他想要表达的是人作为精神主体，如何通过感性实践活动获得相对于人的身体的精神自由，完成对自我的内在超越。

再次，人类按其发展方向说，在本质上要求自由。也就是说，“人不是由于有逃避某种事物的消极力量，而是由于有表现本身的真正个性的积极力量才得到自由”[64]。人的自由一方面能够理解为把源自现实的理想转变为现实的过程，另一方面能够被诠释为从自在达到自为的过程。

冯契认为，与化“自在之物”为“为我之物”的过程相关联，主体本身即自我经历了由自在到自为的运动，两者相辅相成，互为前提。而这里所说的由自在而自为的过程，实际上就是精神主体（心灵）逐步地实现自觉，人的本质力量和个性也逐渐得到解放，并以此谋求进一步的自由发展。可以说，自在之物转化为为我之物的过程其实就是一个辩证运动的过程，“由本然界化为事实界，而事实界的规律性的联系提供可能界，人根据这种可能的现实与人的需要来创造价值，故有价值界”[65]。在本然界、事实界、可能界、价值界的转化过程中，人的精神主体受到影响，逐渐由自发到自觉；被人所认识的客体则逐渐由自在之物转化为为我之物。在这个过程中，人们根据本然界的现实和可能的实现来获得自由。可见，自由是具有现实性和过程性的，是人在认识世界和认识自己的过程中实现自我目标，达成一定目的的人道原则与天道原则的统一。值得注意的是，“人的本质由自在而自为，也是一个螺旋形的前进运动；故自由在任何时候都是相对的、历史的、有条件的，我们不承认终极意义上的自由”[66]。也就是说，自由是一个变化、发展的过程，需要根据时代的更替和社

[64]马克思、恩格斯：《神圣家族》，《马克思恩格斯全集》第2卷，北京：人民出版社，1972，第167页。

[65]冯契：《认识世界和认识自己》，《冯契文集》（增订版）第1卷，上海：华东师范大学出版社，2016，第307页。

[66]冯契：《人的自由和真善美》，《冯契文集》（增订版）第3卷，上海：华东师范大学出版社，2016，第40页。

会的进步来决定自由的限度，不存在一成不变的自由和终极意义上的绝对自由。

最后，人类的自由，就在于精神主体（人）化自在之物为为我之物的过程中达到真、善、美的统一。自由意识是人在创造价值、改造自然、发展自我中的主体意识（作为个别意识与社会意识的统一）。之所以能够发展为自由意识，需主体意识经过自在到自为的发展，需经历异化和克服异化，并紧随实践发展和社会演变而变化方为可行。主体的自由意识是与价值的创造和自然的人化紧密相关的，是人在创造价值、改造自然以及发展自我的过程当中的主体意识，是所有人都具备的。这样一种自由意识，是在创造价值的活动中的主客观统一的意识。自由意识首先是主体作为主宰者、主人翁的意识，即自由人格的意识。主体拥有了自由意识，也就意味着自由得到了一定的实现，获得了自由的状态。这个过程也是精神主体由自发到自觉，化“自在之物”为“为我之物”的体现。

由上述可知，冯契将自由的活动视作将理想变为现实的活动，获得自由的过程就是自在之物向为我之物的转化，自由的获得意味着理想的实现。在他看来，自由不是一种恒定的状态，而是随着个人、社会的进步和历史的发展而不断前进的，自由王国正是人类想要实现的终极目标，而人能否获得自由是我们的终极关怀。在下一节中，本书将对冯契论述的自由与必然的关系展开探讨和分析。

（二）自由与必然

冯契将自由和必然相联系，对自由和必然的辩证法展开了详细的论述。在他看来，中国古代哲学家对此曾作过有益的探讨，中国近代哲学家把这个问题当作一个突出问题加以研究。可是并没有得到很好的解决，中国近现代的马克思主义者也是如此。这一问题在西方也没有很好解决。康德提出自由因和决定论的二律背反，认为此问题上人的理性要陷入矛盾。黑格尔试图阐明自由和必然的辩证法，但他认识世界是按照正—反—合的公式演化的：绝对精神自在地具备了一切，经过异化和异化的克服，最后达到自我复归，绝对精神就自觉了。这个理论有其辩证法的一面，但是它把理性绝对化了，把宇宙的目的看作是理性的预设。黑格尔赞同斯宾诺莎的“自由是对必然性的认识”的决定论见解，在他那里，世界的发展受到理性的制约，意志自由只有从属的意义。这就直接陷入了形而上学。章太炎批判了他这一点，认为如果真像这样，就没有自由，自由就成了合理、合法的代名词。西方近代好些哲学家不满于这种决定论的学说，特别是随着量子力学等现代科学的发展，决定论受到了很多批判；不过，如果由此引导到非决定论去，那也是片面的。杜威批评理性主义是用对必然性的洞察代替了对可能性的预见，而自由则在于预见可能性。这个批评有一定道理，但杜威同时走到另一个极端，把世界、人生看作是一个冒险的场所和事业。总之，如何阐明必然和自由的关系，需要在理论上做进一步研究。

首先，要明确必然、偶然、现实的可能性三者之间的关系。如前文所述，自由就是将理想转变为现实。这里侧重的是如何把握现实的可能性，将人的要求与之结合。要想把握现实的可能性，必须以规律性的认识为基础，评估偶然性对其产生的影响。

冯契指出，客观规律和偶然因素，是客观现实的两个不可分割的部分，共同构成了客观现实的基础。而矛盾则蕴含在规律和现实之中。反映运动、变化的规律本身具有矛盾，否则，就不能反映对象的运动、变化。一般教科书讲规律是反映对象中肯定的、稳定的东西，这是片面的。规律是对现象中肯定方面和否定方面的反映和总结，体现了肯定和否定的统一。如此，规律本身才可能是发展的，反映出矛盾及其变化。于是，规律能够提供肯定现状和否定现状的可能性。因此，从不同方面、层次来看，现实的可能性是不同的。即使在物质生产过程中，鸡蛋碰坏了只是一种偶然情况，但这样一种偶然情况，也是一种现实的可能性。从这个观点来说，必然性是相对的。马克思在其博士论文中指出：“在有限的自然里，必然性表现为相对的必然性，表现为决定论。……这种必然性是通过它们作为中介的。”[67]就是说，实现是相对的必然性，通过一定条件下（生产力水平的提高、生产资料的充分占有等）现实的可能性而得到。因为现实的可能性的多样性，那么，就要对现实的可能性能够得到实现的条件展开分析。同时，我们还要注意到，所有必然性都要通过偶然性来表现。中国

[67]马克思：《德谟克利特的自然哲学和伊壁鸠鲁的自然哲学的差别》，《马克思恩格斯全集》第40卷，北京：人民出版社，1982，第205页。

资产阶级推翻清王朝的民主革命有必然性，但在1911年10月10日发生，又具有偶然性。客观必然的因果性实现，要通过导因、条件的作用，用中国哲学的话来说，“因”要有“缘”的配合才能起作用。

从逻辑思维来讲，必须从必然和偶然的联系中把握事物：从偶然现象中发现必然规律，并对偶然因素有正确的认识，把握其发生的概率，估计可能发生的情况。当然，对偶然事件不可能有完全的预测，而只能把握其概率，这对于人的活动来说也是很重要的。从必然和偶然的对立统一来说，“势无必至”“势有必至”是同一矛盾的两个不同方面，势体现出必然与偶然的统一。假如可以全面、客观地了解考察对象，准确地划分本质和非本质联系，在本质联系中区分不同层次、区分根据和条件等，是可以从整体上掌控发展的必然趋势的。换言之，是能够把握占优势的可能性的。黑格尔说的“现实的是合理的”是对的，因为现实的总是可以理解的，而“合理的一定是现实的”这句话，则应当理解为“占优势的可能性总是要成为现实的”。当然，占主导的可能性还不一定对人有利，只有根据有利于人的现实的可能性，才能提出科学的理想。一般地说，理想总是根据占优势的可能性来实现。由此可知，必然、偶然、现实的可能性三者之间的关系，决定了理想如何根据现实的可能性来实现，即自由如何获得的问题。

其次，理解自由在不同领域的不同意义。在冯契看来，人能否获得自由的前提，受到客观现实的可能的趋势——必然和偶然的影响。我们要通过必然和偶然的相对性、一致性来实现自由。与此同时，必然可以提供多种可能性，于是人能够按照自身的需求、长处进行抉择，变成自己的理想。人的需要固然也有生物遗传和社会存在方面的根源，但是这里人并不是被动的。人作出主动选择，这对客观的自然过程来说，本来是个偶然因素、是个条件，而必然性所提供的某种可能性便因此而表现为人的利益。人掌握了客观规律，就可以将客观规律同主观目的相契合，创造机会将可能的变为现实的，让自然物的原生形态发生一定的变化，构造出自然界本身没有的东西。因此，说“对客观世界的改造和对客观必然的认识源于自由”，意味着其体现出意志选择和认识的双重作用。也就是说，人根据自身的自由意志来选择自己的人生，并不断朝着既定目标努力奋斗。

在人类的劳动、生产、生活等实践活动中，为了维持一定的社会关系，以利于生产的发展，需要对人际关系制定出一定的制度、规范（当然之则）。规范（当然之则）与规律不同，规范是人制定的，可以根据现实的可能性进行调整，人可以不遵守；而规律不随人们的意志而转移，是人必须遵守的。在改造世界、改变自己的过程中，主体和客体始终处于对立关系之中。人一方面要运用规律来支配自然，另一方面要运用规范来维持制度和人际关系。基于此，冯契认为“自由”这个范畴在不同的领域就有了不同的含义。“从认识论来说，……审美理想在灌注了人们感情的生动形象中得到了实现。”[68]进而言之，在不同领域内理解自由与必然的关系，是将自由放在不同层面来进行解读，但其归根结底都是“理想化为现实，而理想，都是现实的可能性和人的本质要求相结合的主观表现”[69]。

再次，理解自由是历史的产物。自由被马克思视为一个历史过程。从人类的发展来说，从野蛮社会到文明社会的转变，是向自由王国迈了第一步。但在古代社会和中世纪，生产力只是在狭隘的范围、孤立的地点上有所发展，人还受到自然的奴役，受到自然形成的血缘关系和在狭窄地域内形成的统治——服从关系的束缚。在资本主义社会里，商品交换普遍发展，形成民族市场，进而扩大为世界市场；各个民族之间有了全面的联系，自然科学应用于生产力，使生产能力得到全面的发展。在这个时期，人的独立性得到了很大的提高，可它的基础仍然是对物的依赖，人的个性还没有得到自由发展。只有彻底消除了剥削制度，达到共产主义阶段，人与人之间不存在奴役与被奴役的关系，人完全成为物的主人。于是乎，社会生产力得到高度发展，成为社会的共同财产，人的个性得到全面发展。此时，人才真正地迈入自由王国。冯契指出，马克思将自由看作是一个历史过程的观点是正确的。但他认为自由同时又是具体的，自由的发展过程理应视为过程性与具体性的统一。

最后，正确处理自由与真理性认识的关系。在冯契看来，“真理是一个过

---

⑥⑧冯契：《人的自由和真善美》，《冯契文集》（增订版）第3卷，上海：华东师范大学出版社，2016，第20页。

⑥⑨冯契：《人的自由和真善美》，《冯契文集》（增订版）第3卷，上海：华东师范大学出版社，2016，第20页。

程，理想是一个过程，自由也是一个过程”(70)。自由的实现和真理的获得都是需要一段过程的。在这个过程中，真理性的认识发挥着重要作用。冯契指出，人对自由的追求，受到方方面面的影响，其中起到指引方向的、产生决定性作用的，就是真理性的认识。在笔者看来，人可以依据真理性的认识，将其与人的需要结合，选择现实的可能性，从而选择目的使其实现，让自由成为人的行动的准则。与此同时，又始终把人的本质力量得到发展作为自我的目的，塑造自身，让自己的人格达到自由的状态。也就是说，自由与真理性认识存在辩证统一的关系。人因为自由的思考，才不断地形成真理性的认识；而真理性认识的不断形成，可以推动人的自由意识的生成。因此，在人的感性实践（认识）活动中，我们要把握自由与真理性认识的关系，在获得德性的自由的前提下，养成自由的德性。

（三）自由与人性

如前文所述，自由与人性的关系涉及“心”“性”主体，自由与理想的联系。在冯契看来，人的本质力量的最终实现就是获得自由，这与人在性与天道的交互作用下获得智慧的结果是相通的。人性的发展，能够实现人的本质力量的对象化和形象化，最终获得德性的自由，养成自由的德性。

首先，人性的自由、自由的人性是自由与人性的关系发展过程中想要呈现的两种状态。一种以人性为基础展现出人的理想与人生目标，另一种以自由为基础展现出人的天性与德性的现实的可能性及其呈现的状态。也就是说，人性的自由是理想化为现实的过程中达到的一种比较接近理想的状态，而自由的人性则是理想已经化为部分现实后人们所呈现出的精神状态。由此可知，自由是人性在经过变化和发展后达到的一种“实然”状态。它跟人性一样，始终依据历史的进步、社会的发展、人的精神状态，不断发展变化，具有历史性和发展性的特征。

其次，人性在伴随着历史发展及社会进步而变化的过程中，完成一次又一次的自我改善和自我突破。人性的发展总是伴随着自由的发展，自由在人性的

---

(70)冯契：《人的自由和真善美》，《冯契文集》（增订版）第3卷，上海：华东师范大学出版社，2016，第23页。

发展过程中扮演着目的因和质料因，决定着人性发展的方向和目的。而人性的发展又从整体上限制着自由发展的方向和目标，因为人性的发展基础就是自由的实现的可能性以及自由的程度。我们不能离开自由谈人性，也不能脱离人性谈自由，两者是人生哲学（人生观）以及人性论中非常重要的两个方面。由此可知，人性的发展与自由的实现紧密相连，要将自由的实现与人性的发展作为一个整体来考察。

再次，自由在人性的发展过程中，也不断地转换着自身的展现形式和内容。自由是相对的、有界限的，原则上不存在绝对的自由。但并不代表着人们不追求绝对的自由，而是绝对的自由脱离了当下的现实，是属于人类社会发展的终极目标。在冯契看来，由必然王国走向自由王国，就是一种自由的活动在其发展过程中达成终极目标（自由的人性到人性的自由）的实现过程。换言之，自由的人性向人性的自由逐渐发展和转变的过程中，人类实践活动呈现出由自在到自为、自发到自觉的运动过程。自由的人性是人性得到自由全面发展的基础，它通过自然的人化、人的自然化两个阶段而达到。

最后，人的自由问题与人性论紧密相关。在冯契看来，“人要求自由的本质就展现为自在而自为的过程；人类历史，就是不断地由必然王国向自由王国发展的过程”[71]。人的最本质要求就是自由，自由的活动和获得活动的自由是人类追寻的终极目标。在这个过程中，人的自由问题受到人性论的影响。一是人的天性构成了不同个体之间的差异性，人的本质属性影响到自由的获得和发展。二是人的德性导致了不同个体的道德水平差异，这种差异同样影响人的自由的获得和发展。自由问题始终关系着人如何认识世界、认识自己，并把握性与天道、追寻智慧以及获得自由全面发展的问题。笔者认为，冯契将人性论与自由密切联系起来，尝试将本体论与价值论相贯通，从而给本体论以认识论的依据。进而言之，冯契认为，人的自由问题与人性的发展密切相关，人要想获得自由就必须使人性得到发展。也就是说，人的自由是人性在发展过程中，人作为精神主体不断将客体化“自在之物”为“为我之物”，结合现实的可能性，将理想化为现实的活动。基于此，冯契将其人性论中“德性的自由的培养”和

---

[71]冯契：《人的自由和真善美》，《冯契文集》（增订版）第3卷，上海：华东师范大学出版社，2016，第24页。

“自由的德性的获得”视为培养平民化自由人格的最终呈现形式和呈现结果。

（四）培养平民化自由人格

冯契在对自由的论述中同时也表明：“我”或“自我”，是从现实世界中汲取理想、将理想变成现实的活动的主体；化理想为现实的过程中，作为主体之“我”的人格自然也就得到了培养。在他看来，理想人格、自由、智慧学说密切相关，并指出：人养成与天道相通、合一的自由德性的方法就是掌握哲学的智慧。“凝道成德、显性弘道”是自由德性获得豁然贯通之感的重要路径，它们借助理智将天道、人道和认识过程之道相结合，通过长期的思辨的综合，使人能够进行德性的自证。基于此，作为个体的“我”能够把握到有限中的无限，体验相对中的绝对，并以此为突破口，化理论为德性，凝聚自由人格。进而言之，冯契明确表示，理论必须落实到现实的实践层面，指向自由的人格。这种自由的人格即理想人格。

那么究竟什么是理想人格，普通的人能否达到这一“理想人格”，如何才能塑造理想人格即理想人格如何培养呢？冯契在这里强调的理想人格是“平民化的自由人格”。他指出：“我们讲的自由人格是平民化，是多数人可以达到的。……在纷繁的社会联系中间保持着其独立性。”[72]冯契意识到“‘我’在所创造的价值领域里或我所享受的精神境界中是一个主宰者，‘我’主宰着这个领域，这些创造物，价值是我的精神的创造，是我的精神的表现”[73]。也就是说，不仅“我”在价值创造过程中具有自由的德性，而且价值正是其德性的自由表现。我们从这一表述中可以看出，冯契正是通过对历史的省察和批评，才强调了其理想人格学说中的平民化、多样化、个性化特征，强调从动态的历史过程角度对“自由人格”作哲学的界定。他认为，自由人格就是有自由德性的人格，在实践和认识的反复过程中，理想化为信念，成为德性，就是精神成了具有自由的人格。换言之，在改造客观世界、化理想为现实的社会实践中，人不断发展着认知主体性、道德主体性和审美主体性，由此便发展了自由人格，

---

[72]冯契：《人的自由和真善美》，《冯契文集》（增订版）第3卷，上海：华东师范大学出版社，2016，第254页。

[73]冯契：《人的自由和真善美》，《冯契文集》（增订版）第3卷，上海：华东师范大学出版社，2016，第254页。

进入了理想境界。这种“自由人格”既是“理想的承担者，也是理想实现的产物”[74]，而“一个自觉的或者理想的人格，就是实现了理想的个性”[75]，是在基于实践的认识世界和认识自己的交互作用过程中实现的。因此，冯契提倡的“平民化自由人格”既具有历史性，又具有广阔的前瞻性和开放性。

第一，如前文所述，冯契提倡的“平民化自由人格”，是对“理想人格如何培养”（理想人格如何可能、何以可能）的广义认识论问题的具体回答。冯契眼中的理想人格，是“平民化自由人格”的载体，理想人格是通过“平民化自由人格”来表达和阐发的。由此可知，“平民化自由人格”是理想人格的实体化、具体化，包含了理论的特性和实践的品格，是能够通过认识论的方法来培养和实现的，是对近代哲学史上关于认识论问题的具体回应，体现出历史性和前瞻性、开放性。

第二，冯契提倡的“平民化自由人格”，汲取了中国传统“圣人人格”的合理性因素，借鉴了中国近代“新人”理想人格学说，是对中国传统“圣人”人格和近代“新人”理想人格的继承性发展。一是冯契批判了中国传统“圣人人格”，认为这一人格是大多数人无法达到的理想人格，不符合时代的发展，缺少现实指导意义。二是冯契提出的“平民化自由人格”，并不是说只有“平民”才需要达到和能够达到，也不是说让“平民”放弃对“圣人人格”的追寻。有学者指出，“冯契所谓的‘平民’，并非一定是指处在社会底层的人民，也可以是各行各业的劳动者中的优秀分子。他所谓的‘平民化’，并非只指平民就只能做平民的事，而是认为，平民也可以有‘英雄’情结，也可以有自己的自由（理想）人格，也可以成为‘英雄’，即‘人皆可以为尧舜’”[76]。由此可知，真正的自由人格理应是具备知意情的条件，并将真善美相统一的自由人格。这一人格的实现，离不开认识世界和认识自己的感性实践（认识）活动。进而言之，真善美相统一的自由人格只有在人化的自然和达到为我之物的理想

---

[74] 冯契：《人的自由和真善美》，《冯契文集》（增订版）第3卷，上海：华东师范大学出版社，2016，第5页。

[75] 冯契：《逻辑思维的辩证法》，《冯契文集》（增订版）第2卷，上海：华东师范大学出版社，2016，第148页。

[76] 方克立：《追求真、善、美的统一——从两位中国现代哲学家说起》，《哲学研究》，1995年第11期，第47-50页。

境界中方能实现，是在“培养理想与现实统一，天与人、性与道统一的自由人格”[77]。也就是说，“达到真、善、美统一的理想的社会和理想的人格，这是最大的自由，也是最高的价值”[78]。

总之，冯契对自由观（自由理论）做了深入研究，丰富和发展了马克思主义自由理论。有学者指出，“智慧说是当代中国马克思主义的自由新论，亦即具有中国特色的马克思主义自由新论”[79]。可以说，冯契的自由观在其原创性上实现了对以往自由理论的超越。正如冯契所言，其哲学进路是“沿着实践唯物主义辩证法”的路子前进的，其自由理论同样是以实践唯物主义为标的，借鉴中国传统哲学的合理观点，实现对马克思主义哲学和非马克思主义哲学理论的整合，从而在“哲学是哲学史的总结，哲学史是哲学的展开”中进行理论的建构，实现对以往自由学说存在的各种缺陷的克服，将其提升到新的层面。冯契在《人的自由和真善美》中探讨的是人的自由和真、善、美三者的关系，该篇从实践唯物主义立场出发，以马克思主义的自由理论为指导，结合中西哲学史，阐发了人性论、价值论、理想论以及平民化的自由人格理论。在他看来，“智慧给予人类以自由，而且是最高的自由，当智慧化为人的德性，自由个性就具有本体论意义”[80]“我们的理想，是要使中国达到个性解放和大同团结统一、人道主义和社会主义统一的目标，也就是使中国成为自由人格的联合体那样的社会”[81]。由此可以论证，冯契“智慧说”对人的自由理论的阐发，丰富、发展了马克思主义的自由学说，是当代中国马克思主义哲学的自由新论，推动了马克思主义自由学说在中国的发展。

---

⑦方克立：《追求真、善、美的统一——从两位中国现代哲学家说起》，《哲学研究》，1995年第11期，第47–50页。

⑧臧宏：《中国哲学智慧问题研究》，合肥：安徽人民出版社，2006，第293页。

⑨杨国荣主编：《马克思主义哲学中国化的新突破—读冯契的“智慧”说》，《追寻智慧—冯契哲学思想研究》，上海：上海古籍出版社，2007，第7页。

⑩冯契：《人的自由和真善美》，《冯契文集》（增订版）第3卷，上海：华东师范大学出版社，2016，第253–259页。

⑪冯契：《人的自由和真善美》，《冯契文集》（增订版）第3卷，上海：华东师范大学出版社，2016，第271页。

本章小结

在本章中，笔者对冯契人性论的内在逻辑展开了论述。将冯契人性论的内在逻辑划分为四个部分。其一，在哲学的人性论的内在意蕴中，笔者着重探讨了关于冯契的人的最本质特性——劳动、人的类本性——共性与个性、人的本体二重性、人的精神二重性、人的社会二重性等观点。同时，认为本体二重性、精神二重性、社会二重性是构成冯契人性论的基础，劳动、共性与个性则是贯穿其人性论的重要介质。其二，在人的本质力量的揭示及其发展中，通过对“四重”之界的转化与人的本质力量的生成、知意情与人的本质力量的内涵、人的本质力量的揭示方法、人的本质力量的发展路径进行阐述，澄明了人的本质力量在冯契人性论中的地位。其三，在理想观中，笔者从理想的概念和展现形态出发，对冯契关于理想与人的本质力量、个人理想与社会理想的观点进行了整体性分析，认为冯契对理想与现实的分析具有独特性。其四，在自由观中，笔者从自由的概念和呈现方式出发，对冯契关于自由与必然、自由与人性的相关论述进行了总结和分析，认为冯契提出的平民化自由人格理论是养成自由的人性、实现人性的自由的路径和方法。

总而言之，冯契人性论的内在逻辑由三个部分构成。一是哲学的人性论的内在意蕴，以人的最本质特性、人的类本性、人的本体二重性、人的精神二重性、人的社会二重性构成。二是自由观，包括对自由的界定——自在之物向为我之物的转化、自由与必然、人性与自由、平民化的自由人格及其培养。三是理想观，涵盖理想的界定、人的本质力量与理想的关系、个人理想与社会理想的构成、理想与现实的联系和区别。我们把冯契关于人性、人的本性、人的本质、人的本质力量的论述统一诠释为人性观，它是构成冯契提出的“哲学的人性论”的基础，也是冯契提出的“哲学的人性论”的本质核心。

第三章　冯契人性论的主要观点辨析

在前两章中，笔者虽然对冯契人性论的相关概念及其内在逻辑进行了论述和分析，但并没有对冯契的人性论何以可能以及冯契的人性论是否属于传统人性论的范畴进行判断和分析。鉴于本书采取的是假设法和反证法相结合的论证方法，因此在第三章中对冯契人性论的主要观点展开辨析，从而论证冯契的“哲学的人性论”能否成立以及何以可能、如何实现的问题。在笔者看来，冯契关于“哲学的人性论”的主要观点有四个：一是哲学的人性论在于揭示人的本质力量及其发展，二是人性即是人类的本质，三是人的本质是从天性到德性、德性到天性的双向运动过程，四是平民化的自由人格是知情意、真善美的统一。

一、哲学的人性论在于揭示人的本质力量及其发展

如前文所述，冯契眼中“哲学的人性论”的本质核心就是揭示人的本质力量及其发展。在这个过程中，我们需要知道人的本质、人的本质力量是什么，怎样揭示人的本质力量，如何发展人的本质力量。在前面章节中，笔者已经对人的本质、人的本质力量是什么作出了详细的说明和论证。在本节中主要对后两个问题进行分析和论证。

（一）人的本质力量的揭示及其发展能否揭示人性论的本质

关于人的本质力量的揭示及其发展能否揭示人性论的本质的问题，冯契并没有给出明确解答。他是通过人的本质力量是什么，人的本质力量与自由、理想的关系，人的本质力量的对象化和形象化以及人的本质力量与自然界的秩

序，本然界、事实界、可能界、价值界的相互转化来说明的。在笔者看来，冯契对这个问题持肯定态度。

一方面，冯契直接点明“哲学的人性论在于揭示人的本质力量及其发展”[①]，人的本质力量的揭示和发展是冯契人性论的重要组成部分。另一方面，冯契对如何揭示人的本质力量、促进人的本质力量的发展进行了详细且充分的论证，他认为“人性的自由发展，也就是人的精神与肉体、理性与非理性（本能、情、意等）的全面发展”[②]。基于此，冯契的人性论的本质核心就是使人的本质力量得到揭示及促进其发展。

我们首先对此问题进行假设，即人的本质力量的揭示及其发展不能揭示人性论的本质。我们采用反证法对此问题进行分析，即证明在人的本质力量的揭示及其发展能够揭示人性论的本质的前提下，冯契提出的“哲学的人性论”能够成立。其次，需要对构成人的本质力量的条件和因素进行说明，并阐释人的本质力量由哪些内容组成，如何揭示人的本质力量，怎样发展人的本质力量。如果最终得出的结论是：在人的本质力量不能揭示人性论的本质的论断成立的前提下，冯契提出的“哲学的人性论”不能成立，那么即可证明人的本质力量的揭示及其发展能够揭示人性论的本质。在笔者看来，人的本质力量的揭示及其发展能够揭示人性论的本质。

第一，冯契指出，人的本质力量既有分化的过程，也有综合的趋势。要将两种方式相结合，才能推动人的本质力量的揭示与发展。“从无知到知，从无意识到有意识，人的本质力量在分化。”[③]人的本质力量的分化，表现为不仅物质实践能力与精神力量分化了，精神力量本身也在分化。这种分化很有必要，也是社会进步的需要，但有分化，也就有要求综合的趋势。“人的理性、情感、意志就要求综合平衡，人是整个的人，人的各种本质力量是互相联系着的，

①冯契：《人的自由和真善美》，《冯契文集》（增订版）第3卷，上海：华东师范大学出版社，2016，第25页。

②冯契：《人的自由和真善美》，《冯契文集》（增订版）第3卷，上海：华东师范大学出版社，2016，第103页。

③冯契：《认识世界和认识自己》，《冯契文集》（增订版）第1卷，上海：华东师范大学出版社，2016，第332页。

……人的各种本质力量综合于具体个性”[④]。在冯契看来，自由德性是个性化的，同时要求知、意、情全面发展。认识天道和培养德性，就是哲学的智慧的目标。“哲学的根本意义在求穷通，要求把握天道，综合人的本质力量，贯通天人。”[⑤]因此，哲学不仅要分析和发现，还要综合和创作。“一切真正的创作都是人的德性（人的本质力量和个性）的表现。”[⑥]由此可见，在冯契那里，“哲学的人性论”实际上就是其哲学观的具体体现，同时也是其哲学观的内涵和外延。笔者认为，冯契所理解的哲学的根本意义在于把握性与天道，“哲学的人性论”也就是在把握性与天道的同时把握人道与天道的关系，认识自己和认识世界。从这个意义上来讲，人的本质力量作为人道的重要组成部分，是人的天性和德性、人的本质的显现形态，理应可以揭示人性论之本质。

第二，冯契主张“哲学最核心的部分就是本体论和认识论的统一”[⑦]。人性论作为本体论的一部分，其中也会囊括本体论和认识论的统一的情况。在冯契看来，“认识论应该以本体论为出发点，为依据，而认识论也就是本体论的导论”[⑧]。要建立本体论，就需要一个认识论作为导论。所以，哲学最核心的部分就是本体论和认识论的统一。由此可知，冯契的广义认识论及其以人性论为基础的本体论，在这一意义上是相统一的。换言之，冯契提出的以“揭示人的本质力量及其发展”为主要目标的“哲学的人性论”，是本体论和认识论的统一。从这个方面来看，人的本质力量的揭示及其发展可以揭示人性论的本质。首先，人的本质力量的揭示及其发展是构成冯契人性论的基础，同时也是冯契关于哲学的人性论的基本观点。从这个观点出发，可知冯契想要构建的人

---

④冯契：《认识世界和认识自己》，《冯契文集》（增订版）第1卷，上海：华东师范大学出版社，2016，第332页。

⑤冯契：《认识世界和认识自己》，《冯契文集》（增订版）第1卷，上海：华东师范大学出版社，2016，第333页。

⑥冯契：《认识世界和认识自己》，《冯契文集》（增订版）第1卷，上海：华东师范大学出版社，2016，第333页。

⑦冯契：《认识世界和认识自己》，《冯契文集》（增订版）第1卷，上海：华东师范大学出版社，2016，第84页。

⑧冯契：《认识世界和认识自己》，《冯契文集》（增订版）第1卷，上海：华东师范大学出版社，2016，第84页。

性论是一种本体论和认识论相统一，贯穿本体论、认识论、价值论和伦理学的“广义”人性论。因为冯契所论述、表达和理解的人的本质力量，既包含理性和非理性的精神力量，又包含人在感性实践活动中的物质力量。其次，冯契将关于自由的学说与人性论紧密地联系在一起，认为人想要获得自由，就要培养自由的德性，从而达到德性的自由。而在冯契那里，自由和理想紧密相连，自由就是化理想为现实的活动，也即理想得到实现。理想将知情意与真善美统一，将理想转化为现实即是人的本质力量的对象化和形象化的过程。由此可知，冯契的人性论中包含着自由观（自由理论）和理想观（理想学说），而它们都通过人的本质力量的揭示及其发展来实现。那么也就间接证明了人的本质力量的揭示及其发展是冯契提出的“哲学的人性论”的本质核心。最后，冯契将理想的实现与人的本质力量的揭示和发展紧密地联系在一起，认为人要想实现自己的理想，就要塑造和培养理想人格，从而养成自由的人格，而培养理想人格的前提就是要形成自由的德性，也就是要让德性得到自由的发展。在这个过程中，德性的自由使得人的本质力量能够得到更好的发展，而人的本质力量的发展，也促进了自由德性的养成。自由的德性的实现，也就是人性论得到发展的重要保证。换言之，人的本质力量的揭示及其发展揭示了人性论的本质。

第三，人的本质力量的对象化和形象化产生的理想和自由等精神产物，是推动历史发展和社会进步的重要力量。人的本质力量作为人的本质的抽象化和具体化辩证统一的概念，本身就具有促进人类认识世界和认识自己，挖掘自己的潜能的作用。在人的本质力量得以揭示和发展的过程中，人的本质始终围绕着现实的可能性和合理的价值原则不断地更换其存在方式和展现形式，但它本身所具备的概念属性，即摹写和规范的双重功能是不会改变的。人的本质力量作为人的本质的抽象化与具体化辩证统一的概念和激发人的潜能的实在性基础，始终依据个人的进步和社会的发展来显现属于人的物质力量和精神力量。基于此，人的本质力量的对象化和形象化所形成的理想和自由等应然和实然层面的产物，指引着人们为获得更为美好的生活和达成人生目标而不断努力奋斗。这也彰显了理想和自由本身的本质力量，同时也从一个侧面证明了冯契的论断理应成立。

第四，人的本质力量不仅包括人的本质（自由的劳动、个性与共性、理性与非理性、天性与德性的辩证统一）的相互转换和创造价值的活动，还包括科学、艺术、神话等经过人的本质力量的对象化和形象化而形成的人的内化的本质力量。这一部分的本质力量能够通过上述范畴来显现。在这些领域中，人的本质力量是经过对象化和形象化的过程而生成的更为具体和真实的能量。也就是说，在人类创造价值的活动中，人的本质力量得到进一步凸显，这就形成了它能够被揭示的重要基础，同时也促进了它的进一步发展。可见，在人类实践活动（创造价值的活动）中，人的本质力量是不断地被揭示的，同时也是不断地发展的。在这个过程中，人的本质力量的揭示及其发展就揭示了人性论的本质。

综上可知，人的本质力量的揭示及其发展，在人的本质的运动、人性的发展等方面能够揭示人性论的本质。冯契提出的"哲学的人性论"中强调的人的本质力量，既包含了人的内在的精神力量，又体现出外在自然环境和社会生产力赋予人的物质力量。只有将两者相互结合、相互转化，才能更好地实现个人自由全面的发展，推动历史发展和社会进步。

（二）人的本质力量的揭示及其发展能否奠定人性论的基础

"人的本质力量的揭示及其发展能否奠定人性论的基础"，实质上是人的本质力量的揭示及其发展能否揭示人性论的本质的反命题。我们已经证明后者是前者的充分条件，即由人的本质力量的揭示及其发展能够揭示人性论的本质，可以判断出人性论的基础就是人的本质力量的揭示及其发展。关于人的本质力量的揭示及其发展能否奠定人性论的基础的问题，在冯契那里，也是持肯定态度的。因为在他看来，人的天性和德性共同构成了人性（人的本性），而人性既包括自然性（动物性）又包括社会性，两者共同构成了冯契关于人性的论述和界定。基于此，人的本质力量来源于人的天性与德性，受到自然属性和社会属性的双重影响。

如前文所述，人的天性是先天形成的，人的德性是后天养成的，但二者在自然的人化和人的自然化过程中能够相互转化，实现人的精神主体由自发到自觉、客体由自在到自为的发展。

在冯契看来，人的本质力量的揭示及其发展可以奠定人性论的基础。那么如何证明呢？依据上一节的证明方法和范式，这一论断显然是能够成立的。我们将同样采取反证法来证明。一是要对“人的本质力量的揭示及其发展能否奠定人性论的基础”的问题设定一个肯定性的答案，即人的本质力量的揭示及其发展能够奠定人性论的基础。二是需要对（哲学的）人性论的基础是什么进行论述，将其与冯契的人性论中所提出的内容进行对比分析，得到相应的分析结果，并进行整理、归纳。三是要得到“人的本质力量的揭示及其发展能否奠定人性论的基础”的肯定性结论，并对这一问题的解决过程和解决方法、解决结果作出评价。

首先，我们要明确一点，人的本质力量的揭示及其发展究竟能不能奠定人性论的基础。因为我们已经证明了人的本质力量的揭示及其发展能够揭示人性论的本质，也即人性论的本质就是揭示人的本质力量及其发展。按照这个逻辑，人的本质力量的揭示及其发展理应可以奠定人性论的基础，但仍然需要我们去论证。

人的本质力量的揭示及其发展能否奠定人性论的基础需要从两个方面进行设定和论证。一方面，假设人的本质力量的揭示及其发展能够奠定人性论的基础，那么只需要证明人的本质力量的揭示及其发展能够构成冯契人性论的基础；另一方面，假设人的本质力量的揭示及其发展不能奠定人性论的基础，那么就需要证明人的本质力量的揭示及其发展不能构成冯契人性论的基础。也就是说，不论从哪一方面证明，都涉及解决人的本质力量是什么、是否属于冯契人性论思想的一部分的内容的问题。

其次，冯契的人性论不是伦理学的人性论，也不是心理学的人性论，而是从哲学学科和哲学体系、哲学智慧上探索人性和人的自由问题的“哲学的人性论”。冯契指出，建构“哲学的人性论”的目的是揭示人的本质力量及促进其发展。不同的哲学观念下，存在着不同的人性论基础，但人性论的基础不能脱离人的本质力量（人的本质）而存在。冯契信奉马克思主义的实践的哲学观，同时又“究天人之际，通古今之变”，形成了独具特色的以马克思主义哲学为基本立场、观点、方法的中国化马克思主义哲学观。正是在实践的哲学观的基础上，冯契先生将马克思主义人性论与中国传统人性论相结合，对人的本质、人的本质力量、人的本性、自由、理想等进行了新的诠释和新的创造，形成了具有中国特色和中国风格、中国气派的“广义”人性论。

人的本质力量是冯契在认识过程的辩证法中对如何发现自我、认识自我，并与世界统一原理和发展原理紧密相连的重要精神力量，是本体论和认识论能够统一的重要因素。在冯契看来，客观辩证法是本体论和认识论统一的基础。而作为本体论视域中的人性论，正是冯契以认识论为导论想要深入挖掘和探索的重要内容。换言之，人的本质力量的揭示及其发展作为人性论的重要内容，必然要能够奠定人性论的基础，才能成为冯契认识过程的辩证法中如何认识自我的重要因素。从这里可知，人的本质力量的揭示及其发展理应能够奠定人性论的基础，同时也承担着本体论和认识论能够统一的重要作用。

再次，智慧是自得的，是德性自由的表现，即人的本质力量与个性自由的展现。人的本质力量虽有人类共同之物，但其又具有个性，因而是自得之德[⑨]。由此可知，智慧的追寻与人的本质力量的揭示和发展具有相似性，它们共同决定了人性能力的提升和发展。

在冯契看来，智慧与人性、人的本质力量密切相连，人们对智慧的追寻也就是把握性与天道的作用。如前文所述，人的本质是从天性中养成的德性，人的本质力量是人的本质的体现和载体。冯契是从广义认识论即“智慧说”来把握知识与智慧的关系，这其中涉及“化理论为方法、化理论为德性”，即哲学理论如何化为具体的方法，哲学理论如何化为自由的德性的问题。同时也要注意到，他的广义认识论侧重的是本体论与认识论的统一，这两者与价值论相互贯通。而人的本质力量（化天性为德性）的揭示与发展被冯契视为哲学的人性论的本质核心和具体呈现。由无知到知、由知识到智慧的过程可以呈现为人从自然界中认识自己和认识世界，将“自在之物”转化为“为我之物”的过程。人的本质力量（化天性为德性）在这个过程中，不断地由自在到自为、自发到自觉，最终与人的智慧（性与天道的学说）紧密相连，也即人的本质力量是追寻形上智慧的重要基础之一。

由以上可知，人的本质力量与人的智慧追求紧密相连，它作为一种理性和非理性、意识与无意识的精神力量，促进了人类对自我和世界的认识。而认识

---

⑨冯契：《人的自由和真善美》，《冯契文集》（增订版）第3卷，上海：华东师范大学出版社，2016，第32页。

自己是认识世界的基础，从这个方面来说，人的本质力量的重要性就体现在对个人的天性的激发、对个人的德性的培养。而这也正是冯契的哲学的人性论所关注的重要内容和重视的重要基础之一。换言之，人的本质力量的揭示及其发展能够奠定冯契的“哲学的人性论”的基础。

最后，人的本质力量的揭示及其发展是冯契运用认识过程的辩证法，在性与天道、“四重”之界与世界的交互作用中认识世界和认识自己、追寻形上智慧和实践智慧的重要路径。换言之，人的本质力量的揭示及其发展在揭示方法和发展路径上决定了人类认识的本质和发展方向。人的本质力量受到人的本质的影响而不断被揭示和发展，人的天性和德性在性与天道交互过程中不断得到补充和完善。

冯契构建的“智慧说”哲学体系，正是将人视作精神主体和意识主体来探讨人在认识世界和认识自己的过程中的感性实践活动，从而找到认识世界的规律和认识自己的方法。此外，我们不能忽视的是：冯契提出的广义认识论尝试将本体论、方法论、认识论、价值论相互贯通，从而解决情感与理智的分离、知识和智慧的脱离、科学与人生的脱节问题。“哲学的人性论”作为哲学本体论中的重要组成部分，不仅对本体论的形成和发展起到重要作用，而且影响到本体论与认识论的关系及其发展。正如冯契在《认识世界和认识自己》中强调的那样，“认识论是本体论的导论”。换言之，人性论在其发展方向上，要求本体论与认识论相统一。

冯契人性论中关于人性（天性和德性）、人的本质（理性与非理性，天性与德性，共性与个性的辩证统一）、人的本质力量（创造文化、获得理想、实现自由）等概念和范畴，都涉及本体论与认识论相互贯通和统一的问题。依冯契的观点，人在认识自己和认识世界的过程中，人的本质力量的揭示及其发展起到了重要的黏合作用。基于此，人的本质力量的揭示及其发展理应是冯契提出的“哲学的人性论”的重要基础之一，它能够为“哲学的人性论”的提出和构建奠定基础。

综上所述，笔者认为冯契提出的观点“哲学的人性论在于揭示人的本质力量及其发展”能够成立。也就是说，冯契提出的“哲学的人性论”在其何以可能的问题上能够自证。其一，冯契将人的本质力量的揭示及其发展视为哲学的人性论的本质，认为人的本质力量的揭示及其发展能够奠定人性论的基础。其二，冯契将人的本质力量视为在认识过程的辩证法中对如何发现自我、认识自我，并与世界统一原理和发展原理紧密相连的重要精神力量，是本体论和认识论能够统一的重要因素。其三，冯契将人的本质力量的对象化、形象化等同于智慧的获得过程，认为智慧的追寻与人的本质力量的揭示和发展具有相似性，它们共同决定了人性能力的提升和发展。其四，冯契将人的本质力量的揭示及其发展视为运用认识过程的辩证法，在性与天道、“四重”之界与“两重”世界（主观世界与客观世界）的交互作用中认识世界和认识自己、追寻形上智慧和实践智慧的重要路径。

二、人性即是人类的本质

依据冯契的观点，人性就是指人类的本质[10]，包括天性和德性。那么，人性是否等同于人类的本质呢？至少在冯契那里，这个问题是没有现成的答案的，只能从他对人性的相关论述探寻结果。但不可否认的是，冯契提出的“人性由天性和德性构成”的观点就是解决这一问题的方向。要想对这个问题进行辨析，就必须从冯契的论断“人性由天性和德性构成”入手。

（一）　人性是否等同于人类的本质

首先，人性是一个属概念，它必然由种概念构成。冯契认为人性的种概念就是天性和德性。一般而言，人类的本质也是一个属概念，它也由很多的种概念构成。如前文所述，冯契将人的本质视为从天性中培养成的德性，人的本质受到天性和德性的双重制约。人类的本质与人的本质是存在一定区别的。人类的本质必然是人作为整体而言的“类”本质，理应是人的本质的整体性概念。也就是说人类的本质在人类的共性上等同于人的本质，但在个性上人的本质与人类的本质是有所区别的。因为人类的本质是从整体上来概括人与动物的区别，而人性中的个性注重的是人与人之间的区别。从这个意义上来说，人性是不能等同于人类的本质（人的类本质）。但不可否认的是，人性在其社会性中

⑩冯契：《逻辑思维的辩证法》，《冯契文集》（增订版）第2卷，上海：华东师范大学出版社，2016，第142页。

理应等同于人类的本质。因为人的社会性是由人类的本质（类本质）决定的，它是用来区别人与动物的重要标准和决定性因素。也就是说，人类的本质即人的类本质这一论断在社会性的限定条件下能够成立。换言之，人性在同一条件下等同于人类的本质。

其次，人性在其普遍定义中指人的本质属性（包括自然性、超自然性），在其社会性定义中又包括人的德性。人类的本质既包括人的类本质，又涵盖每个个体所具有的独特本质个性。人性在冯契那里，特指天性与德性。他认为化天性为德性的实现在特定条件下等同于人的本质力量。也就是说化天性为德性（自在向自为）的过程，是人的本质力量得到实现的过程⑪。而从天性培养成的德性又被冯契诠释为人的本质，那么人性在“天性化为德性”的情况下就等同于人的本质。

在冯契看来，人类的本质既指现实性和社会性上的人的类本质，又指在不同个体中呈现出来的独具特色的个性本质。可见，在以人类这一整体作为探讨视角时，人的本质理应是等同于人类的本质（人的类本质）。也就是说，人的本质在特定语境和环境中能够等同于人类的本质，达到个体与“类”的统一。那么，人性作为人的本质或人类的本质的特定性存在，理应能够等同于人类的本质。进而言之，冯契关于“人性即是人类的本质”的观点在这一语境下能够成立。

再次，人性是不断发展的，人类要求自由的本质也是不断发展的。在人性得到自由的发展，养成自由的德性，达到德性的自由的条件下，人性也可以说是等同于人类的本质。其一，人性在其发展的过程中，受到社会条件和历史条件的制约，需要满足现实的可能性。于是人性想要得到自由的发展，就必须在人类实践活动的基础上运用好世界统一原理和发展原理，把握性与天道。其二，人类作为意识主体，在感性实践活动中，将“自在之物”转化为“为我之物”，主体由自发到自觉，客体由自在到自为，逐步完成主体的客体化和客体的主体化。在这个过程中，人的本质（化天性为德性）发挥着重要载体作用。其三，人性的发展和人类的本质的最终追求都是自由的实现和自由人格的养

⑪冯契：《逻辑思维的辩证法》，《冯契文集》（增订版）第2卷，上海：华东师范大学出版社，2016，第312–313页。

成，它们具有相同的价值目标。由此可知，在价值领域，人性与人类的本质的发展都是追寻人性的自由和自由的活动，这就可以说明冯契的论断是正确的，在现实的有价值的追求中，人性就是指人类的本质。

最后，我们再回到原先提出的问题：人性是否等同于人类的本质。答案理应是肯定的，即人性等同于人类的本质。但要以“类”来区分作为整体的人类和作为个体的个人。在冯契看来，人性即是人类的本质，人的天性和德性共同构成人类所需要的共性和个性。从共性来分析，人性在其整体上等同于人类的本质。从个性来分析，人性在其特殊性上也存在与人类的本质相统一的情况。也就是说，人性在其普遍性上能够完全等同于人类的本质，在其特殊性上具备与人类的本质相统一的必要条件。只有两者达到一致，才能得出“人性即是人类的本质”的观点。

（二） 人类的本质能否回归于人性

人类的本质能否回归于人性的问题，应该理解为人类的本质（类本质、自然本质）能否经过人化的自然和自然的人化的循环认识过程，通过螺旋式的发展不断上升为更高的一个认识阶段的问题。

首先，是人类的本质能否用人性来指称的问题。如前文所述，人性即是人类的本质，人性在相同社会条件和历史语境下能够等同于人类的本质。也就是说，人性是能够在规定的相同状态和相同语境下等同于人类的本质的。而人类的本质能否回归于人性则是这个论断的反向过程。依据冯契的观点，人类的本质不完全等同于人的类本质，它不仅包含人的社会属性，还包含人的自然属性，体现出自然性与社会性的统一。而人的类本质则主要是用来区分人与动物、突出人的社会属性的一种整体性本质，可以说是对人的共性的总结。由此可知，人类的本质不完全等同于人的类本质，它包含了人的共性和个性，而人的类本质则是指人的共性，在相同条件下，人类的本质可以用人性来指称。也就是说，人类的本质本身就是人性在人的个性与共性相统一的情况下的整体性概念和范畴，当然可以由人类的本质出发，回归于人性。

其次，人作为精神主体，经过人化的自然和自然的人化的循环往复过程，不断将“自在之物”转化为“为我之物”。在这个过程中，人的本质表现为天性到德性、德性复归为天性的双向运动过程，因而致使人类的本质和人的类本质不断地受到人性的自由发展的影响，而产生不同的表现形式和表现状态。人类的本质与人的类本质虽然都代表人的整体性，但人类的本质主要是指人的自在本质，人的类本质则主要界定为人的自为本质。在这里，需要区分作为个体的人和作为总体的人。马克思指出，“人是特殊的个体，并且正是人的特殊性使人成为个体，成为现实的、单个的社会存在物，同样，人也是总体，是观念的总体，是被思考和被感知的社会的自为的主体存在”⑫。基于此，人类的本质本身就是体现人性的一种方式，不过是被抽象化的一个概念，当然能够向其本来的、具体的人性观点回归。也就是说，人类的本质是以作为个体的人和作为总体的人来确定的。在人的感性实践活动中，人总是呈现出个体和总体两种不同的形态，但都是为了将“自在之物”转化为“为我之物”，推动事物的发展和提升人的主观能动性。从这个方面来说，人类的本质是能够回归于人性的。因为它们具有相同的价值追求和呈现状态。

再次，人作为实践活动的主体，既具有感性实践活动赋予的精神力量，又具有社会实践活动赋予的物质力量，本身就是精神和物质的统一体。人类的本质在其社会性中的体现就是劳动和由此带来的社会生产关系和生产力。人性则不然，它还包含自然属性和人的天性。要想完成由人类的本质到人性的复归，则要从“类”概念和个体概念来论证。根据马克思的观点，“人是类的存在物。……因为人把自身当作普遍的因而也是自由的存在物来对待”⑬，人类的本质在其现实性上可以等同于人的类本质。它主要是指人的社会属性，但也包含人的自然属性。冯契把人性诠释为天性和德性，实际上也就是将人性视为自然属性和社会属性的综合。由此可知，马克思认为人类的本质（人的类本质）的注重点是社会性，而冯契是两者兼之。从这个方面来分析，冯契提出了自己的观点：人类的本质能否回归人性是应该被肯定的。也即人类的本质在人作为实践主体的基础上能够回归于人性。

---

⑫马克思、恩格斯著，中共中央马克思恩格斯列宁斯大林著作编译局编译：《马克思恩格斯文集》（第1卷），北京：人民出版社，2009，第188页。

⑬马克思、恩格斯著，中共中央马克思恩格斯列宁斯大林著作编译局编译：《马克思恩格斯文集》（第1卷），北京：人民出版社，2009，第161页。

最后，人类的本质、人的本质、人的类本质三者之间既紧密相连又存在一定的区别。人类的本质是由人的本质和人的类本质共同组成的，在现实性和社会性中，三者能够相互统一。笔者以为，冯契将人性作为人类的本质、人的本质、人的类本质的内涵和外延的统一体进行论述，把人性视作三者能够产生联系的重要介质。值得注意的是，人性不仅是三者能够产生联系的重要介质，也是三者在本体论、认识论、价值论、伦理学相互贯通前提下的重要呈现载体。进而言之，人性是冯契用来总结和归纳人类的本质、人的本质、人的类本质三者关系的一个重要概念和范畴。他眼中的“哲学的人性论”，就是人性在人的感性实践活动和在性与天道作用下获得智慧的过程中所呈现的思考方式、行动准则、价值规范，体现出人作为存在主体彰显出的具体思维范式和实践观点。基于此，人类的本质本身就属于人性的一部分，自然能够向人性复归。

由上述可知，冯契提出的“人性即是人类的本质”的观点在历史唯物主义视域下能够成立，但也不能忽视人类的本质、人的本质、人的类本质之间的关系。人类的本质始终是人性的呈现形态之一，不能脱离人类的本质来谈人性。

三、人的本质是天性到德性、德性复归为天性的双向运动过程

有学者指出，冯契将人的本质视为由天性到德性、德性复归为天性的双向运动过程[⑭]。也就是说，天性和德性之间是辩证统一的关系，它们共同构成人的本质特征。那么，这一过程就蕴含着两个方向：天性到德性的转化、德性到天性的复归。基于此，我们通过对天性向德性的转化何以可能、德性到天性的复归如何实现进行辩证分析，可以更好地理解冯契视野下人的本质的内涵。

（一）天性向德性的转化何以可能

冯契在其“智慧说三篇”《人的自由与真善美》一篇中，对人的本质进行了详细的论证和分析。他认为人的本质是从天性培养成的德性[⑮]。在这个过程中，人的天性经过由自在到自为、自发到自觉的转变，逐渐养成人的德性。也

⑭王向清、李伏清：《冯契对人的本质的新见解》，《哲学研究》，2004年第12期，第33页。

⑮冯契：《人的自由和真善美》，《冯契文集》（增订版）第3卷，上海：华东师范大学出版社，2016，第31页。

就是说，人的天性向人的德性的转化过程，就是人的本质及人的本质力量得以揭示和发展的过程。回到本节提出的“天性到德性的转化何以可能”的问题，不难发现，要想解决这个问题，就必须检验冯契关于人的天性转化为人的德性的论证是否成立。

首先，天性与德性共同构成冯契所论述的人性。其中天性是人在未经过人类认识的自然界中获得的本质属性，德性是人在经过人化的自然界中获得的本质属性。由天性转化为德性就是要将本然界转变为自然界，即让“天之天”成为“人之天”。冯契对此进行过论证和分析。在他看来，“本然界”是人类尚未出现前就存在的。“自然界”是人类出现后能够被人类认识和利用的自然界。人类为了认识自然界，就必须将“自在之物”转化为“为我之物”，即将本然界中的客体转化为自然界中的主体，同时又要用事实界去将本然界的客观存在转化为自然界中能够被人类所认识的客体。在这个过程中，人的天性得到激发和培养，就会形成人的德性。其一，人的天性受到外界环境的影响会逐渐产生变化，经过自然选择和人类实践活动的熏陶，就能够逐渐被培养成人的德性。其二，冯契论述的人的德性既指人的道德品性、道德品质，又指通过化理论为德性的方法而得到的具有一定理论意义和德性之智的内容。其三，人的天性向人的德性的转化，是人的本质力量的体现。在冯契看来，天性向德性的转化是自然而然的行为，是人类认识活动和实践活动必然要经过的环节。他将从天性中培养成的德性视作人的本质，用人的本质概括天性与德性的双向运动过程。在这一语境和认识条件下，天性化为德性（天性到德性的转化）是必然性和偶然性的辩证统一。

其次，人类诞生于本然界，经过自然的人化和人的自然化过程，逐渐形成人能够认识和理解的事实界。依冯契的观点，在事实界中，人的认识能力得到了培养和加强，逐渐将“自在之物”转化为“为我之物”，使得本然界中原本存在的事物逐渐被人类所认识和运用，形成可被描述的可能界。在此基础上，经过可能界向价值界的转化，可能界中现实的可能性得到实现，进而达到价值界。在本然界向事实界、可能界、价值界逐渐转化的过程中，人的天性经过精神主体由自在到自为、自发到自觉的运动，逐渐养成人的自由的德性。这一过程，被冯契视为人类认识自己和认识世界，运用世界统一原理和发展原理，逐渐把握性与天道，追寻智慧的过程。由此可知，天性向德性的转化是伴随着精神主体由本然界向事实界、可能界、价值界的转化而进行的。人的天性在这个过程中逐渐被激发和培养，最终形成人的自由的德性，从而达到德性的自由。而只有人达到德性的自由，作为本然界中的存在才能在自然界（人化的自然）中被人所认识，成为通向事实界和构成事实界中的合理性因素，进而使人的感性实践活动向可能界和价值界迈进，从而完成人对世界的认识。由此可知，人的天性向德性的转化，是人类认识自己和认识世界必不可少的一部分。天性向德性的转化是必然性和偶然性的辩证统一，人只有在认识自己的前提下才能认识世界，认识人与世界之间是否定性统一的关系。

最后，天性向德性的转化（化天性为德性）被冯契视为人的本质的呈现。冯契先生在《人的自由和真善美》中对这个问题进行过论述：人的本质（化天性为德性）就是将天性培养成德性。也即人的本质是从天性转化而来，人的天性和德性共同决定人的本质的善恶和好坏。换言之，人的天性不仅造就人的自然属性，而且影响人的社会属性；人的德性在培养的过程中受到人的天性的影响，形成自由的德性后又反过来给人的天性的发展注入精神力量。由此可知，人的天性向人的德性的转化是必然性与偶然性的辩证统一，这个转化不会随着社会的发展而终止，但又受制于历史发展（唯物史观）和社会进步（社会意识形态）的行进阶段。

进而言之，冯契提出的天性向德性的转化是可以实现的。也即人的本质是由天性到德性、德性到天性的双向运动过程的正向过程是能够实现的。这体现在两个方面：一是人的天性中包含着可以向德性转化的可能性。天性只有得到激发和培养，人类才能逐渐实现对世界的认识和对世界统一原理、发展原理的运用。二是人的德性中本来就蕴含着属于天性的潜能。德性在发展的同时也会不断地将天性的潜能激发出来，从而使得天性在认识过程和实践过程中又不断地转化为德性。

综上所述，冯契所提出的人的本质是由天性到德性、德性到天性的双向运动过程的论断能够自证，同时在广义认识论中占据着重要的位置。进而言之，德性到天性的复归理应能够实现。在下一节中，将对这一问题展开探讨。

（二）德性到天性的复归如何实现

德性向天性的复归，也就是价值界、事实界、可能界向本然界的转化。那么，德性究竟如何复归为天性呢？依冯契的观点，德性向天性的复归，是将人养成的德性逐渐转化为人的天性，从而使人的天性得到改善，更好地激发人的潜能和潜力。冯契认为德性到天性的复归是自然而然的，是可以实现的。我们从以下几个方面来进行论证。

第一，德性中包含有天性（人的本质及人的本质力量），德性可以向天性复归。德性由人的天性经过感性实践活动逐步形成，即经历了由“自在之物”转化为“为我之物”的过程。人作为意识主体本身具有主体意识，主体意识经过理性的直觉等环节形成自由意识，自由意识的形成意味着人类获得德性的自由，进而养成自由的德性。自由的德性最终又会转化为人化的自然中的天性（自由）。因此，德性向天性复归其实就是自在向自为转化的反向运动过程。这个反向过程为什么能够成立呢？一是人的德性就是由人的天性培养成的。人的德性向天性的复归实际上是这个过程的反向过程，是将养成的德性重新赋予天性，使天性具备养成的德性中所蕴含的德性之智、自由之维和理性之光，从而能够给予本然界中的人更好的潜能和潜力，更好地推动人类对自我和世界的认识，为下一次天性向德性的转化提供更好的基础。二是依据冯契的观点，人的德性复归为天性的过程是基于价值界、可能界、事实界、本然界四者之间由高到低的转化过程，即价值界将其创造的价值返还给可能界，可能界又将其赋予事实界，事实界则将自身和前面两界的能量反哺给本然界，本然界再将这些由德性转化而来的能量重新赋予人类，形成人类的天性。

第二，德性向天性的复归是一个动态的过程，德性作为从天性中养成的一部分（人的本质），始终具备人的天性中所包含的本质属性（自然属性和社会属性），它蕴含着向天性复归的可能。也就是说，天性向德性的转化理应不是一个单向的过程，德性向天性的复归正是其反向过程。为什么这么说呢？因为德性由天性转化而来，转化的这部分内容（由天性转化而来的德性）被冯契定义为人的本质。而人的本质是理性和非理性、个性与共性、天性与德性的辩证统一。德性向天性的复归符合认识过程具有的反复性特征，其过程即形成人的本质力量的过程。由此可知，德性向天性的复归是能够通过改变某一具体事物的某个部分而得到实现的。德性向天性的复归过程，不仅体现出人对过往精神生活、物质生活的深刻反思，而且会推动人的自由全面发展。

第三，德性向天性的复归是一个“为我之物”向“自在之物”复归的过程，为我之物从自在之物演变、发展而来，也包含着向自在之物复归的可能性。天性向德性的转化也就是人的本质的形成和人的本质力量的对象化和形象化过程，而德性向天性的复归是复归于自然的，这个自然也就是冯契眼中经过人的认识过程被打上人的印记的“自在之物”。这个“自在之物”与本然界原本就存在的自在之物有所区别，它是由人的自由的德性转化而来，是被再次赋予为下一次认识运动过程的“起点”。换言之，德性向天性的复归也就被视作由自在之物向为我之物转化的反向过程。这也符合认识呈螺旋式上升的普遍规律。

笔者认为，冯契所描述的由德性复归为天性的过程中存在两个问题：其一，人的德性虽然由人的天性培养而成，但最终养成的自由的德性，实际上是人类想要达到的德性的自由。在达到德性的自由的情况下，为什么一定要复归于自然呢？复归为自然也就是复归为天性的过程，必然会使得一部分德性的自由变成不自由，自由的德性也会受到理性与非理性、意识与无意识的精神活动和感性实践活动的影响。那么最终所复归而形成的天性，并不一定能满足人的需要，还有可能会影响人类本来通过继承和遗传而获得的天性。其二，经过人的感性实践活动培养成的德性，实际上就是人的天性中未揭示的本质力量得到揭示和发展后获得的那部分能量。也就是说天性和德性都属于人性中的一部分，且在其原本形态下理应是同一物，经过人类的感性实践活动，而导致了天性产生新的形态即德性。由此可知，人的天性与人的德性在本然界中是同一物，经过事实界、可能界、价值界的作用，一部分天性转化为德性。这部分转化为德性的天性，当然要在人类认识活动中通过人的本质这一概念来进行动态阐述，并会随着德性复归于自然的过程，复归为天性。基于此，转化为天性的德性，并不是真正意义上形成的“第二天性”。冯契的真实意图是通过德性向天性的复归，来论证“为我之物”能够向“自在之物”复归。

进而言之，依冯契的观点，德性向天性的复归是人类在认识实践过程中的必然过程。冯契一贯坚持实践唯物主义的观点，将人的认识实践过程视为感性实践活动与理性实践活动的辩证统一。在这个过程中，人的精神主体逐渐由自发到自觉，将“自在之物”转化为“为我之物”。人的天性得到激发和培养，也逐渐转化为人的德性。由天性转化而来的德性，本身就是人的本质的一部分，这个转化过程只是将人的天性中的隐性部分转变为显性部分（德性）而展现出来。也就是说，德性向天性的复归过程，实际上就是将人的德性中存在的良好的品质和还没有受到恶的根源的影响的一面传递给人的天性，使人的天性的内涵能够更加丰富。

四、平民化自由人格是知意情、真善美的统一

“平民化的自由人格”是一种理想人格的践行成果，是在人获得自由（理想得到实现）的基础上提出的更高的精神要求和价值追求。冯契认为，平民化自由人格是知、意、情和真、善、美的统一，是将理想和自由具体化后形成的一整套行为准则和价值诉求。由此可知，平民化自由人格是理想人格的一种，它代表了大多数人民群众的意志，是每个个体都有机会得以实现的目标。

（一）平民化自由人格何以可能

要想讨论平民化自由人格何以可能的问题，就必须将近代认识论中的四个问题进行分析和论证，尤其是后两个问题，即逻辑思维能否把握具体真理，自由人格（理想人格）如何培养。冯契将“平民化的自由人格”视作理想人格的表现形式，认为“平民化自由人格”强调的是一种平民化的、每个人都有可能达到的理想人格，而不是像中国古代传统中倡导的圣人人格。平民化的自由人格何以可能的问题的提出，就是为了解决形成平民化自由人格的基础是什么，平民化自由人格包含哪些内容，平民化自由人格的养成需要哪些自然条件和社会条件的问题。

在冯契看来，平民化的自由人格仍属于自由人格的一种，会受到理想人格培养的影响。他在《认识世界和认识自己》中提出的四个认识论的问题中，将自由人格（理想人格）的培养论述为自由人格（理想人格）何以可能和如何可能的问题。何以可能、如何可能这两种不同的描述决定了自由人格（理想人

格）的培养与形成有先后的逻辑关系。在用何以可能进行描述时，主要探讨的是平民化自由人格（理想人格）是怎样实现的。而用如何可能进行描述时，则主要探讨的是平民化自由人格（理想人格）的实现需要哪些条件和受到哪些因素的影响，即平民化自由人格（理想人格）的养成是一个必然实现的过程，但会受到自然环境和社会条件的影响。

首先，平民化自由人格何以可能和如何可能的问题是同时存在的。我们需要分开加以探讨。解决平民化自由人格何以可能的问题的方法，是平民化自由人格得以实现的前提。这是因为，一方面，平民化自由人格的提出意味着人的自由得到了相应的实现。人获得自由的同时也意味着现实的可能性得到实现。另一方面，平民化自由人格是相对的。它并不是冯契所指出的一种理想的状态，每个个体的理想的实现和自由的获得，是不能以一个统一的标准来衡量的。我们要根据每个个体的实际情况来制定不同的评价标准，同时不能要求每个个体都实现“平民化的自由人格”。冯契虽然提出了平民化自由人格的实现路径，却并没有明确平民化自由人格何以可能和如何可能的实现方法。他提出的平民化自由人格只是一种理想的状态，并不是一种可以大范围实现的具体真理。从这个方面来讲，冯契构造的平民化自由人格理论在如何实现的问题和实现程度的问题上脱离了社会现实，过于理想化和实质化。

其次，平民化自由人格何以可能和如何可能，是冯契在其“智慧说三篇”中对理想人格如何培养的两种不同表述。按照逻辑思维可以理解成两种不同的含义，但并不意味着可以划分为两种不同的实现路径。平民化自由人格何以可能，更多的是强调人在认识自己和认识世界的过程中怎样养成平民化自由人格，也即平民化自由人格的形成过程和形成路径。而平民化自由人格如何实现，则指的是完成这一过程的前提和条件。也就是说，平民化自由人格何以可能和平民化自由人格如何可能是同一个问题的两个方面，即平民化自由人格是什么和为什么的问题，因和果相互统一。

再次，平民化自由人格何以可能的问题，还涉及平民化自由人格是否合理及是否符合道德规范的问题。冯契所强调的平民化自由人格，并不是一味地追求平等，而是要根据自身的先天条件和后天努力程度来决定人格的高度，是一种宽泛意义上的平等，而不是一种绝对平等。也就是说，冯契强调的平民化自由人格的实现，既要符合自身的先天条件，又要符合道德规范。基于此，冯契提出了自觉与自愿相结合的价值准则，对平民化自由人格如何可能的路径和方法制定了相应的评价规范和评价标准。中国传统哲学中的自觉原则和西方近现代哲学提出的自愿原则，都不符合现当代平民化自由人格的培养基础和培养方向。一方面，中国传统哲学过于强调自觉原则，使得人没有获得真正意义上的自由；另一方面，西方近现代哲学过于强调自愿原则，使得人不重视和遵守相应的道德规范。两者都不利于平民化自由人格的培养，我们倾向于用冯契提出的自觉和自愿相统一的价值准则来培养自由人格（理想人格）。

最后，平民化自由人格何以可能是平民化自由人格如何可能的前提和条件。冯契认为，平民化自由人格何以可能的问题涉及平民化自由人格是什么及如何呈现的问题。在他眼中，平民化自由人格不同于圣人人格，强调的是一种平等的、人人都能达到的理想人格。这种理想人格的出现，意味着人类对自身的发展和社会的进步提出了相应的要求，制定了相应的奋斗目标，建立了合理的价值准则。基于此，冯契把平民化自由人格何以可能视为一种广义理想即价值观如何培养的问题。人作为精神主体，在感性实践活动中逐渐认识自己和认识世界，并尝试将自觉原则与自愿原则相结合创造出合理的价值体系。在这个过程中，人们养成了自由的个性，并运用自由的个性的本体论意义来培养自由的德性，逐步形成德性的自由。这种德性的自由就是平民化自由人格如何可能的终极价值追求。也就是说，平民化自由人格何以可能在平民化自由人格是什么、培养方式上成为平民化自由人格如何可能的前提和条件。

此外，解决平民化自由人格何以可能的问题，即探索平民化自由人格如何可能的反命题。两者之间存在着一定的线性关系。其一，平民化自由人格何以可能注重的是对平民化自由人格的阐释和解读，而平民化自由人格如何可能是对平民化自由人格的实现方法的探寻。其二，平民化自由人格何以可能和平民化自由人格如何可能是解决冯契广义认识论中自由人格（理想人格）如何培养问题的两个方面，它们相互影响、相互制约。

综上所述，平民化自由人格是可以养成的。它内化在人的感性实践活动和合理价值体系中，体现了作为价值范畴的真、善、美与人的知识、情感和意志的相互结合，是知意情、真善美的统一。

（二）平民化自由人格如何可能

平民化自由人格如何可能的问题，就是怎样养成和获得平民化自由人格的问题。我们需要深入分析的是平民化自由人格是怎样被提出的，是怎样被定义的，是怎样在中国近现代进行传播和发展的等一系列问题。

首先，冯契提出的平民化自由人格，是一种理想人格，始于新人理想人格学说。20世纪上半叶，面临着“中国向何处去”的时代问题，如何化解“古今、中西”的矛盾是思想政治层面的重大难题之一。基于这个时代背景，五四运动时期的先进知识分子如李大钊、陈独秀、瞿秋白等人提出了新人理想人格学说，鼓励青年和劳苦大众反对封建统治的剥削和压迫，实现个性解放和民族团结的大同统一。冯契的“平民化自由人格”，正是汲取了近代新人理想人格学说的合理性因素，结合中国的社会现实，提出的一种新型的理想人格学说。它关注的是每个个体的理想和自由的实现，强调的是平民化和大众化，不同于古代的圣贤人格，也不同于近代的“大同”人格。

其次，平民化自由人格如何可能的关键要义在于养成自由的个性。依冯契观点，自由人格体现为类的本质与历史相联系，前提是变成自由个性。自由个性不仅是类的分子，同时与社会紧密联系，并保持独特的一贯性和坚定性。此外，自由的个性也具有本体论意义。自由的个性的形成也就意味着人的本质力量的对象化和形象化，体现出人的精神力量和物质力量的统一。从这个方面来说，平民化自由人格如何可能首要解决的是如何养成自由的个性的问题，并将这种自由的个性与自由的德性相关联，用德性来自证其真诚。

最后，平民化自由人格如何可能的实质就是如何促进人的本质力量的发展。冯契指出，人的本质力量的发展目标就是形成真、善、美相统一的自由人格，达到三者统一的自由社会。平民化自由人格是理想的一种显现形态，理想转变为现实的过程，也就是平民化自由人格得到一定实现的过程。在冯契看来，理想是真、善、美和知、意、情的载体，它通过自由的活动来实现。但需要注意的是，“平民化的自由人格”不具有终极意义的觉悟和绝对意义的自由。因为人毕竟是人，而不是神，有其内在的不足和缺陷，但对自由的向往则是人的本质要求，这种本质，要求人最终趋向真善美的统一[16]，从而揭示和激发人的本质力量，推动人的自由全面发展。依据冯契的说法，平民化自由人格如何可能的问题涉及人基于实践的认识过程的辩证法通过理性的直觉、辩证的综合、德性的自证的“转识成智”的过程的认识论路径与基于“化理论为德性”方法的“凝性成德、显性弘道”的伦理学路径的结合如何可能的问题。两者的结合体现出冯契想要达到的认识论与本体论、伦理学相互贯通的目的。

（三）实现平民化自由人格的路径探讨

冯契对如何实现平民化自由人格做了解释与说明。在他看来，平民化自由人格的实现，就是人的自由和理想转变为现实的过程。基于此，冯契认为平民化自由人格是理想人格的一种，是理想人格的载体和承担者。关于如何实现平民化自由人格，冯契对其路径做了探讨。

其一，要实现平民化自由人格，理应将教育与实践相结合，提升人在认识实践活动中的主观能动性。平民化自由人格作为冯契提倡的理想人格，强调的是个性与共性的统一，注重人的德性的自由培养与自由的德性的养成。因此，冯契指出要将教育与实践结合，在实践的过程中培养平民化自由人格。如在课堂上，老师们要言传身教，使学生能够感受到自由人格是什么，进而理解平民化自由人格。同时，也要注重家庭教育，父母要教导子女学会独立处理问题，并懂得感恩和回报社会。在实践中，要开展素质教育，培养人们的劳动能力。国家要制定符合社会实情的道德规范和法律条例，遵循自觉与自愿相结合的价值准则，使自由与平等成为每个公民能够享受到的权利。只有在这样的条件下，平民化的自由人格才能更好地得到实现。但我们也需要考虑到每个个体的实际情况，不能让平民化自由人格过于理想化。

其二，要完成平民化自由人格的培养，理应将人的本质属性与时代精神相结合，进一步激发人的潜能和培养自由意识。也就是说，平民化自由人格的培养，要紧随时代的步伐，契合时代的发展。当下，中国正在培养顺应历史发展的“时代新人”，如何培养“时代新人”已经成为一个重要的时代问题。习近平

⑯冯契：《人的自由与真善美》，《冯契文集》（增订版）第3卷，上海：华东师范大学出版社，2016，第245页。

总书记强调，要培养实现中华民族伟大复兴的“时代新人”。这一“时代新人”的标准是“又红又专、德才兼备”。它符合当代中国发展的实际情况，是解决我国面临的时代困境的重要保障。以此为基础，展开“平民化自由人格的培养”要深入理解“又红又专、德才兼备”的内涵，将人性能力的提升与社会现实的需要相结合，以实现中华民族伟大复兴为使命，锤炼自身的道德品质；提升自我的实践能力，在培养自身的同时推动社会的进步和国家的发展。

其三，要实现“平民化自由人格”，理应将人的自由问题与人性论的发展问题相结合，进一步提升人在认识实践活动中的主体性地位，形成由德性自由向自由德性的发展和转化。人作为认识主体，总是在感性实践中认识自己和认识世界，这个过程促使人（精神主体）不断由自发到自觉、自在到自为，最终运用认识过程的辩证法提升对自我的认知和自身的道德修养。在这个过程中，人得到自由、全面的发展，逐步养成自由的德性。

总体来说，冯契沿着教育和实践相结合的道路，对平民化自由人格（理想人格）何以可能、如何可能、怎样培养的问题进行探讨。他认为，结合实践和教育，结合培养世界观和德智美，结合集体帮助与个人努力，是培养平民化自由人格的基本途径。

由上述可知，以上的四个观点在冯契的人性论中是能够成立并能够被证实的，冯契的人性论就是围绕其广义认识论而展开的。无论是他对“哲学的人性论”所下的定义，对人的本质力量的理解，还是对人的本质是由天性向德性转化、德性向天性复归的双向运动过程的理解，抑或是对平民化自由人格的论证，都是想要证实其提出的认识论是本体论的导论，本体论和认识论、价值论能够相互贯通，从而使广义认识论即“智慧说”的观点能够成立。由此可知，冯契的“哲学的人性论”与广义认识论存在内在一致性。同时，冯契的广义认识论即“智慧说”，也给其人性论的提出和发展提供了更为广阔的理论空间。

本章小结

冯契关于“哲学的人性论”的主要观点有四个，一是哲学的人性论在于揭示人的本质力量及其发展，二是人性即是人类的本质，三是人的本质是从天性到德性、德性到天性的双向运动过程，四是平民化的自由人格是知意情、真善美的统一。通过以上四个主要观点，冯契构建了人的自由与真善美相统一的人性论，在感性实践活动中建立了认识论、本体论、价值论、伦理学四者之间的联系，解决了沿着认识论与本体论相统一的哲学进路如何沟通价值论与伦理学的重要方法问题。

综上所述，冯契在“哲学的人性论”中提出的四个重要观点在辩证唯物论和唯物辩证法相统一的视域下能够成立。在笔者看来，冯契的人性论紧紧围绕其广义认识论而展开。他对“哲学的人性论”所下的定义，对人的本质力量的理解，对人性即是人类的本质的阐明，对人的本质是由天性向德性转化、德性向天性复归的双向运动过程的阐释，对平民化自由人格何以可能、如何可能问题的说明，都是想要证实其提出的“认识论是本体论的导论”“本体论和认识论、价值论能够相互贯通”，从而使广义认识论即“智慧说”的观点可以成立。由此可知，冯契的“哲学的人性论”是构成其广义认识论的基础之一。同时，冯契的广义认识论即“智慧说”也给其人性论的提出和发展提供了更为广阔的理论空间。其一，冯契提出的“哲学的人性论”，是一种“广义”的人性论，是本体论、认识论、价值论与伦理学的内在统一。其二，冯契提出的“哲学的人性论”，始终将人的自由、理想、智慧与人性相联系，是从广义认识论的视域来探寻哲学的人性论何以可能、如何可能，本身就运用了认识论的方法和价值论的规范，符合冯契以认识论为导论阐释本体论的思想进路。其三，冯契提出的“哲学的人性论”，突出了人的精神力量中的无意识的力量，也即非理性的力量，使得人性的发展既与人的本质力量也与人的外在生存环境紧密相连。冯契的“哲学的人性论”合理地揭示了无意识的力量在人类认识活动和实践活动中对人性发展的推动作用，是对马克思人的本质理论的进一步扩充和发展。值得注意的是，冯契提出的“哲学的人性论”，是在马、中、西人性论基础上的融合创新，既对马、中、西人性论中的合理性因素有所吸纳，又对它们的非理性因素采取包容的态度，是兼容并包、具有世界哲学性质的“广义”人性论。

第四章　冯契以人性论为中心对未来哲学的展望

冯契提出的“哲学的人性论”，强调人的本质力量的揭示及其发展。在“智慧说”哲学体系中，他将人性论作为一个重要的介质和因素来联结本体论、认识论、价值论和伦理学。冯契人性论与“智慧说”的关联通过作为自为存在的个体的“自我”来实现，即如何在认识过程的辩证法中认识世界和认识自我，在辩证逻辑思维中反思自我，在“化理论为德性”中突破自我。与此同时，冯契人性论与中国当代哲学的发展也紧密相连。他以人性与理想为前提，建立了世界哲学的视野；以人性与自由为基础，参与了世界范围内的百家争鸣；以人的本质力量为核心，推动了世界哲学的发展。我们可以通过冯契的人性论来对哲学的“未来”与未来的“哲学”[①]进行展望。按照冯契的阐发和笔者的阐释，哲学的“未来”将以人的实践活动走出现代性困境，未来的“哲学”将以人的自由全面发展为目的构建哲学理论体系。“‘西方哲学’的‘希望’在于‘非西方’，‘希望’在‘东方’，在‘东西方之融合’。”[②]也就是说，中国哲学作为东方哲学的一支，在未来将会获得更多的希望，迎来更多的机遇。

---

①哲学的“未来”和未来的“哲学”是叶秀山先生在《哲学的希望：欧洲哲学的发展与中国哲学的机遇》中提出来的两个重要范畴。哲学的“未来”指的是当代哲学的发展将更加注重人类的特殊实践活动类型，完成价值哲学向文化哲学、认识论向语言哲学的转向。未来的“哲学”指的是哲学的希望在中国而非西方，中国当代哲学理论的构建将以世界哲学为视野，以人的自由全面发展为方向，参与世界范围内的百家争鸣。

②叶秀山：《哲学的希望：欧洲哲学的发展与中国哲学的机遇》，南京：江苏人民出版社，2019，第12页。

一 冯契人性论与“智慧说”的关联

近代以降，中国传统哲学面临着如何实现现代转型的重大时代问题。随着马克思主义哲学在中国的传播和发展，马克思主义哲学逐渐与中国传统哲学、中国具体实际相结合，涌现出以“天人五论”“知识论”“智慧说”为代表的一系列原创性哲学知识体系。在这个过程中，冯契的“智慧说”哲学体系以其独特的“史”“思”结合的方式，推进了哲学史与哲学元理论的创造性转化和发展，真正实现了学术层面的马克思主义哲学中国化[③]。“可以说，直到冯契的智慧说发表之前，专业哲学家建构的中国化马克思主义哲学的逻辑体系尚未出现”“智慧说是马克思主义的，又地地道道是中国的，是专业哲学家建构的第一个中国化马克思主义哲学的逻辑体系”[④]。由此可知，冯契建构的“智慧说”哲学体系，打破了原有的苏联教科书体系，构建了一条由“史”入“思”，“思”“史”并重，以马克思主义实践哲学为主体的哲学进路。值得注意的是，这条哲学进路的本质核心是“马魂、中体、西用”“三流合一”的综合创新[⑤]。基于此，冯契的“智慧说”哲学体系是中国近现代哲学革命和当代中国哲学发展过程中的原创性典范。人性论作为“智慧说”哲学体系的重要一环，凸显了冯契作为马克思主义哲学家的个性与品格。

冯契以人的本质和人的本质力量的揭示与发展这一“哲学的人性论”的核心观点，既批判性地继承了马克思主义人性论，又推动了当代中国马克思主义

③王向清、李伏清：《冯契“智慧说”探析》，北京：人民出版社，2012，第252页。

④许全兴：《马克思主义哲学中国化的新突破——读冯契的“智慧”说》，《吉林大学社会科学学报》，2005年第5期，第45页。

⑤“三流合一”的说法最先由张申府先生提出。20世纪30年代，张申府提出“合孔子、列宁、罗素而一之”的主张。“马魂、中体、西用”的说法由方克立先生提出，其基本表述为：马学为魂，中学为体，西学为用，三流合一，综合创新。参见方克立：《关于文化体用问题》，《社会科学战线》，2006年第4期，第16-23页；《“马魂、中体、西用”：中国文化发展的现实道路》，《北京大学学报（哲学社会科学版）》，2010年第4期，第16-19页。冯契的“智慧说”哲学体系正是其中的代表和典范。沿着这样一个思路出发，有诸多学者对冯契的哲学元理论和哲学史的创造性贡献进行了诠释和阐发，包括高瑞泉、李维武、何萍、王向清、汪信砚、刘明诗等。

哲学的发展。而他不仅提出了“哲学的人性论”，还在“智慧说”哲学体系中进行了深入的阐发，将人性论与智慧的获得、自由的实现与人性的发展紧密相连。在他看来，“智慧就是合乎人性的自由发展的真理性的认识”[⑥]。由此可知，冯契提出的广义认识论的依据，既将人性论视为本体论或存在论的内容决定了广义认识论的主体范围和走向，又为本体论、认识论、价值论与伦理学的贯通提供了方法与路径。

（一）在认识过程的辩证法中认识世界和认识自己

冯契沿着“实践唯物主义辩证法”的路子前进，形成了基于实践的认识过程的辩证法，对马克思的辩证法进行了创造性补充。值得肯定的是，冯契不仅将狭义认识论扩展为广义认识论，还把认识论与本体论、价值论相贯通，展现出两种哲学进路：中国传统哲学的现代化和马克思主义哲学的中国化。在此基础上，冯契是如何认识世界、认识自己，挖掘人的本质力量的呢？我们从以下三个方面来进行分析。

首先，冯契将无知到知的过程通过疑问的提出、意见的争论、观点的斗争三个环节展现出来，并在此基础上认为从知识到智慧的过程体现在人对自己和现实世界的实践认识之中。而从知识到智慧的过程需要经历的三个环节被冯契诠释为：理性的直觉、辩证的综合、德性的自证。由此可知，他认为人类的认识起因于疑问，经过意见的争论、观点的批判，然后才形成主客观一致的知识与真理。

进而言之，认识自己的感性实践活动，也遵循基于实践的认识过程的辩证法。人作为精神主体通过认识自己的感性实践活动，逐渐由自发到自觉，并将“自在之物”转化为“为我之物”。这和基于实践的认识过程的辩证法中“理性的直觉”“辩证的综合”“德性的自证”三个环节相一致——人只有自证其真诚，才具有自由的德性。在冯契看来，人通过事实界这一中介，将本然界、可能界相贯通，进而形成价值界。换言之，人作为精神主体，通过感性对象性活动，运用认识过程的辩证法逐渐获得真理性认识的过程中，能够形成一定的评

⑥冯契：《人的自由和真善美》，《冯契文集》（增订版）第3卷，上海：华东师范大学出版社，2016，第126页。

价能力。这个过程本身就体现为基于实践的认识过程的辩证法如何认识世界与认识自己。

其次，冯契对金岳霖提出的“以经验之所得还治经验”[⑦]观点进行了阐述和补充，将人的社会性和历史发展相结合来考察认识问题，将认识看作对客观过程的反映和人的主观能动性作用。在冯契看来，金岳霖融合中西哲学，他的整个知识论讲了在实在论基础上的感性和理性、事和理的统一，可以概括为“以得自经验者还治经验”，这继承了中国的传统也会通了中西。

进而言之，冯契认为可以从两个层次来对金岳霖提出的“以得自经验者还治经验”的观点进行解读。在自在层次上，把认识世界和认识自己理解为自然演化过程。这个过程即是对客观过程的反映和主观能动性的统一，是物质和精神、世界和自我交互作用的过程。另一个层次就是自为，将关于认识的理论、关于认识过程的辩证法转化为认识世界的方法，成为培养德性的途径[⑧]。

一是冯契将金岳霖的观点（以得自经验者还治经验）扩充为“以得自现实之道还治现实 ”（以得自所与者还治所与）。他沿着实践唯物主义辩证法的路子，阐述“以得自现实之道还治现实”；认为以得自所与者（概念）还治所与，便是有“知”。但知与无知的矛盾总是难分难解，因此概念并不是历经一次抽象就能获得完全形态的，它有一个从原始思维概念到科学概念、从低级阶段科学概念到高级阶段科学概念的发展、演变过程。在这个过程中，以得自经验之道还治经验，概念对现实的规范与摹写反复不已，“知”与“无知”的矛盾不断得到解决。于是知识的科学性越来越高，经验经过整理就显得秩序井然了。

二是冯契对如何理解“以得自现实之道还治现实 ”进行了阐发，认为“我”是“以得自现实之道还治现实之身”的主体词。因为“我”即是“取得”“还治”两个认识活动过程的主体。“我”通过判断将事实与思想相结合，就是“我”用得自所与者还治所与，于是，“觉”通过“我”而体现。人类在进行思维活动和知觉时，有个“我”统领着知识经验的领域，借用康德的术语即“统觉”。冯契指出，具有统觉功能的“我”，不仅有关于客观的事实、条理的意

⑦金岳霖：《知识论》，《金岳霖全集》第三卷（下），北京：人民出版社，2013年，第756页。

⑧冯契：《〈智慧说三篇〉导论》，《冯契文集》（增订版）第1卷，上海：华东师范大学出版社，2016，第56-57页。

识，而且通过与他人的交往，能够自证其为主体，具有自我意识。我有意识地认识世界，逐步把握现实之道，也就意识到我是主体，并在意识活动中逐步认识自己，认识自己的本性。作这样动态的考察，在实践基础上的认识运动就表现为认识世界和认识自我的相互促进过程，也就是现实之道与心性交互作用的过程。

再次，冯契遵循"一致而百虑，殊途而同归"的认识运动规律，将人作为精神主体的感性实践活动理解为运用基于实践的认识过程的辩证法来促进性与天道的相互作用。人作为自然存在物，具有特定的自我意识。这种自我意识通过基于实践的感性认识活动来展现。基于这种认识活动，人作为本然界中的固有存在物，逐渐认识本然界（人化的自然），并以本然界为基础，逐步向事实界、可能界、价值界转化。以道观之，"一致—百虑——一致"的过程，内在地呈现出中国传统的"既济""未济"的哲学革命过程。只有将人的感觉转化为人对世界和自己的认识，才能更好地推动哲学元理论和哲学史的发展，真正达到形上智慧与实践智慧的有机统一。

最后，冯契指出，真、善、美等价值是人的要求自由的本性的体现，价值体系的基本原则与人的认识的辩证运动也是具有一致性的。"认识的辩证运动是天与人、性与天道的交互作用，是实践基础上认识世界和认识自己的交互作用，表现为由无知到知、由知识到智慧的辩证发展过程。"⑨概言之，冯契在《认识世界和认识自己》中运用基于实践的认识过程的辩证法来回答近代认识论上的四个问题，并将认识过程的辩证法与人性论紧密结合，探寻人性与智慧的关系。

其一，冯契以实在论、唯物论观点为基础，肯定在感性直观、实践中人作为精神主体（意识主体）可以获得客观实在感。他认为实践活动中的客观实在能够被人的感觉所反映，这是从无知到知的起点。实践获得的经验，是将意识和存在、主观和客观相联系的津梁，被视作人类全部认识活动的基点。天与人、认识世界和认识自己的交互作用，是围绕实践这一基础开展的。而对人性的认识的加深以及推动人性自由的发展，也离不开由无知到知的实践认识过

⑨冯契：《〈智慧说三篇〉导论》，《冯契文集》（增订版）第1卷，上海：华东师范大学出版社，2016，第27页。

程。由此可知，冯契人性论与“智慧说”中基于实践的认识过程的辩证法借助这一实践过程相联系，通过“自我”这一介质来实现自我反思，推动人性能力的提升、人的本质力量的发展。

其二，冯契吸纳了金岳霖的相关理论，认为以得自经验者还治经验是知识经验领域的重要方法，事实经验通过经验者本身还治经验事实。概念具有规范和摹写的双重功能，同时也是得自经验者。作为事物和知识一般接受总则，是通过概念即得自经验者，将现实之道还治现实本身。“我”作为知识经验的主体，自觉运用逻辑范畴进行思维，将经验领域用接受总则统领。在冯契看来，知识经验是形式逻辑、归纳与演绎相统一的接受总则的充分条件，抑或是普遍有效性规律知识能够被认识的前提。

其三，冯契将真理视作“一致而百虑，殊途而同归”的过程，真理必须经过科学知识的逻辑论证和实践检验。这缘于现实的多样性统一，同时主体也离不开群己关系。真理的辩证发展过程通过一致而百虑的理论探讨、同归而殊途的实践探索展现为：具体→抽象、再抽象→再具体的反复。而具体真理可以被归结为世界统一原理和发展原理的统一。基于此，我们肯定具体真理能够被逻辑思维所把握，对“言、意能否把握道”的问题给出了肯定的回答：人的认识可以从有限中揭露无限，在绝对中理解相对。

其四，冯契断定关于道的真理性认识和人性的自由发展内在地相联系着，这就是智慧。智慧使人获得自由，它体现在“化理论为方法、化理论为德性”。这里的“理论”指哲学的系统理论，即以求“究通”（穷究天人之际与会通百家之说）为特征的哲学的智慧。它是关于宇宙人生的总见解，即关于性与天道的认识以及对这种认识的理解和升华（此即智慧学说）。冯契指出，由知识到智慧是一个飞跃，包含有一种理性的直觉，不过这种理性直觉之所得也是思辨的综合和德性的自证，是可以论证和体验到的。

有学者指出，“冯契所说的智慧，既非实践智慧，亦非制作智慧，而属于理论智慧的范畴”[⑩]。一是冯契通过知识与智慧之辩，聚焦于狭义理论智慧。对智慧的回望与追寻是“智慧说”哲学体系中非常重视的一个方面，冯契通过性与天道的相互作用来追寻智慧，同时把智慧视为人性的自由发展和真理性认

⑩郁振华：《论理论智慧》，《学术月刊》，2020年第10期，第5-17页。

识的获得来回望智慧。二是冯契通过对真理性认识、自由的人性与智慧的关系的思考，将理论智慧、制作智慧、实践智慧在实践基础上进行了贯通。但又以理论智慧为主体，通过实践智慧与理论智慧的结合来沟通和指导制作智慧。冯契人性论中强调的是人性与智慧的关系，这里的智慧是理论智慧和实践智慧的统一。基于此，笔者认为冯契所说的智慧，虽然属于理论智慧的范畴，但在实践过程中，却是具体性和抽象性的辩证统一。这就使得冯契所言的智慧，在划分中属于理论智慧，在其实践过程中却体现出实践智慧的因子。虽然前后两种智慧的描述并不相同，但这也符合哲学话语中“得”与“达”在同一知识体系、不同领域的分野。

综上所述，冯契基于马克思实践观点提出的认识过程的辩证法，其核心就是在认识世界的基础上认识自己，使性与天道的相互作用得到揭示，推动人的本质力量的发展。从这一方面来说，冯契的“哲学的人性论”与基于实践的认识过程的辩证法紧密相连，在感性认识实践活动中使我们对人性及人性能力的作用得到进一步认识和发展。

（二）在辩证逻辑思维中反思自我

冯契在《逻辑思维的辩证法》中，明确阐释了“自在之物”与“为我之物”、“自发”与“自觉”、“自在”与“自为”的关系。在他看来，自在之物作为本然界中的存在，是人作为精神主体需要认知的固有存在之物，并通过“化理论为方法”，阐述逻辑思维转化为方法论的一般原理。基于此，冯契认为辩证逻辑是马克思主义的生长点之一，在逻辑思维形式的辩证法的基础上提出了逻辑思维过程的辩证法，体现了主观辩证法与客观辩证法的统一。他不仅提出了逻辑思维过程的辩证法，而且结合基于实践的认识过程的辩证法、逻辑思维过程的辩证法，阐明了人作为主体怎样认识世界和认识自己、运用普遍真理来培养自由人格，在感性对象性活动中逐渐由自发到自觉、自在到自为的过程。质言之，我们要在辩证逻辑思维中反思自我、追寻德性的自由，而这也正是冯契人性论的主要进路之一。

首先，冯契认为人作为意识主体以自身为对象来认识世界和认识自己，有意识地来掌握具体真理。这一过程与逻辑思维过程的辩证法息息相关。“思维的逻辑要符合现实之道（天道与人道），方法论的基本原理则与认识的辩证运动是一致的。”[11]从这个方面来看，认识过程的辩证法是基于具体真理展开的。逻辑思维过程的辩证法的运用，离不开对人性的考察及人性能力的培养。在西方哲学中“真理”一词的大写等同于“逻各斯”，在中国传统哲学中真理等同于天道。因此在中西哲学看来，“真理实际上就是指世界统一原理、宇宙的发展法则”[12]。由此可知，人作为精神主体的感性实践活动体现了逻辑思维与天道和人道的结合，同时也要重视逻辑思维与人如何获得真理性认识之间的关系。从这点来说，辩证逻辑思维是对自我的感性对象性活动的深刻反思。

在认识自己和认识世界的进程中，“我”作为精神主体逐渐由自发到自觉，将自然存在之物逐渐通过由自在到自为的过程转化为“为我之物”，只有不断对“我”的感性认识实践过程进行反思，才能完成对“自我”的反思。而对“自我”的反思正是冯契人性论中非常注重的一个方面。由此可知，冯契人性论与“智慧说”的关联通过在辩证逻辑思维中反思自我而体现。

其次，冯契将概念视为一个逐渐从对事物的归纳与演绎中经过抽象过程获得的具体产物，它具有规范和摹写的双重作用。认识过程是现实世界中的一种运动状态，其本质特点在于“以得自现实之道还治现实”。有学者指出，冯契的辩证逻辑与认识过程之道紧密相连，“主体通过认识过程之道来反思认识过程，就是辩证逻辑”[13]。进而言之，“以自现实之道还治现实”不仅是认识论原理，还包含有方法论的基本原则。这体现在以下三点：

其一，揭示了逻辑思维的基本矛盾。冯契指出，逻辑思维的基本矛盾是：静止思维形式与运动、发展、变化对象；抽象思维形式与整体具体对象；有限思维形式与无限对象的矛盾。人类的认识正是在不断解决这些基本矛盾的过程中前进的。而人性的发展也同样如此，不能脱离逻辑思维的基本矛盾来阐明人性的构成及人性的发展过程。

---

⑪冯契：《〈智慧说三篇〉导论》，《冯契文集》（增订版）第1卷，上海：华东师范大学出版社，2016，第27页。

⑫冯契：《认识世界和认识自己》，《冯契文集》（增订版）第1卷，上海：华东师范大学出版社，2016，第227页。

⑬王向清、李伏清：《冯契“智慧”说探析》，北京：人民出版社，2012，第68页。

其二，关于具体概念的学说。在冯契看来，逻辑思维把握具体真理，而具体概念是把握具体真理的思维形式。具体概念作为思维内容和思维辩证运动形式的概念，是具体与抽象、个别与一般相结合，是有理想形态的概念。而人的本质力量的对象化和形象化，能够形成理想。人的本质力量作为理想的主要载体之一，需要通过基于实践的认识过程的辩证法来自证其真诚，体现出具体性和过程性的统一。作为具体概念的人的本质力量，自然要通过辩证逻辑思维来表达，从而能达到反思自我的目的。

其三，冯契借鉴中国传统哲学中的基本逻辑范畴，对黑格尔创立范畴体系的原则进行了扬弃，构建了以类、故、理为骨架的逻辑范畴体系，并将它们与人的感性对象性活动紧密相连。在冯契看来，“知‘类’，在知其然；求‘故’，在探求其所以然；明‘理’，在阐明其必然与当然”[14]。人性的认识和发展过程亦是如此，要知其然，并求所以然，同时通过人的感性认识的实践活动来体现。

再次，冯契指出，从哲学的三项——物质、精神和观念的关系来讲，客观辩证法、认识论和逻辑是统一的。所以辩证逻辑范畴是现实存在的本质联系方式、认识运动的基本环节、逻辑思维的普遍形式的统一。冯契以这样的观点粗略地勾画了一个辩证思维的范畴体系，以“类”（包括同一和差异，单一、特殊和一般，质和量，类和关系等）、“故”（包括相互作用和因果关系，根据和条件，实体和作用，质料、内容和形式，动力因和目的因等）、“理”（包括现实、可能和规律，必然、偶然和或然，目的、手段和规则，必然、当然和自由等）为次序，结合着阐述了中国哲学史上的相反相成、象数相倚、体用不二、矛盾倚伏、理一分殊、天人合一等重要辩证法思想。而从范畴体系的整体来说，对立统一、矛盾发展原理是其核心。正是通过这些范畴的辩证的推移并进行思辨的综合，使得人们的认识能把握具体真理，亦即能运用逻辑思维从相对中把握绝对、从有限中揭示无限，而有限和无限的矛盾运动便表现为无止境的前进发展进程。

最后，冯契在这里强调的辩证法的基本原理，虽然是把握具体真理的哲学

⑭冯契：《〈智慧说三篇〉导论》，《冯契文集》（增订版）第1卷，上海：华东师范大学出版社，2016，第40页。

方法，但可以被各门科学不同程度地采用。与之不同的是，科学还有其特殊的方法，而哲学与具体科学不同，它是要求“穷通”，不是在求不同的“真”，即怎样把握、如何把握涉及性与天道的真理性认识——智慧。作为哲学的辩证方法，不是以把握个别、具体的历史进程为目的，取得的见解也无法在实验中得到验证；它通过思辨的综合，来将知识转化为智慧，而且要用自由的德性来亲证。

综上可知，冯契将其人性论中自我的反思与辩证逻辑思维相联系，认为人性的发展通过逻辑思维过程的辩证法表达出来。人对理性的运用，对概念、范畴的掌握，都需要通过逻辑的检验来论证。正是在逻辑思维过程的辩证法中，人性才能够得到具体的描述、人性的发展才能够得到正确的指引。换言之，我们要在辩证逻辑思维中反思自我，对制定合理的价值体系的原则进行规范和约束，推动人的本质力量的发展。

（三）在化理论为德性中突破自我

冯契提出的“化理论为德性”论题，强调哲学理论要转化为哲学家有血有肉的人格，体现出哲学家的独特个性的同时，要始终保持心灵的自由思考。基于此，冯契将“化理论为德性”的过程与理想人格的培养相结合，并认为“化理论为德性”是对“化理论为方法”的扩展。这一论题的提出，就是为了解决人在认识世界和认识自己的过程中，如何培养自由的德性，使德性得到自由发展的问题。从这里可知，“化理论为德性”并不是简单地将哲学理论转化为具体的道德修养和道德伦理规范，而是将理论作为一种具体的真理性认识转化为能够为人类认识实践活动提供准则和规范的合理的价值体系及道德行为准则。

首先，冯契指出，我们通过“化理论为德性”能够将晦涩、深奥的哲学原理，转化为通俗、易懂的伦理道德规范和实践活动准则。而这在思维范式上与人的自由发展密切相关，是对宇宙和人生的见解和真理性的认识。要培养人格，即要由“知道”而进“有德”。人类在这个实践认识过程中，充分发挥自我的认知能力，将“自在之物”转化为“为我之物”，提升自我的自觉性和能动性。正如冯契所言，人作为本然界的固有存在物，通过不断的认识自己和认识世界的感性实践活动，将本然界、事实界、可能界相互转化，最终形成广义的理想即生成价值界。在价值界中，人通过心灵自由的思考，不断获得新的理想，并化理想为现实，最终达到自由之域即自由王国。由此可知，人正是在化理论为德性的过程中不断突破自我，使自我不仅获得物质性存在，而且具备更多的精神力量，完成对自我的双重超越，成为超物之物[15]。而这正是冯契"哲学的人性论"中提出的人的本质力量的揭示及其发展的路径之一。从这个意义上来讲，"化理论为德性"通过德性的自证、"凝性成德、显性弘道"的过程与"哲学的人性论"相贯通。

其次，"化理论为德性"不仅体现出对自我的突破与超越，还在感性对象性活动中推动了对人类的整体性超越，即在成己的基础上成物、成人。在冯契看来，"化理论为德性"要通过这样一个过程：成为理想再形成信念，才能成为德性。表现为两点：其一，为了使理论取得理想形态，要统一理智、意志和情感。如将理论化为方法，推动人性自由的发展。其二，要进一步使理想成为信念，就必须将其付诸实践。"人是对象性活动"，人的感性实践过程就是人作为精神主体的对象性活动，理想转化为信念的过程，也就是使理想付诸实践完成信念的感性对象性活动过程。

最后，"化理论为德性"作为培养"平民化自由人格"的方法论，体现为认识世界和认识自己的辩证统一、性与天道的相互作用。在冯契看来，要把性与天道的真理性认识转化为德性，要通过理想与信念，达到知、意、情三者配合。其一，冯契在价值论视域下对人的认识活动展开了论述。他认为认知与评价可以区分，但不能分割。前者是外在的，后者是内在的。其二，冯契对作为价值范畴的真、善、美展开了论述，认为真、善、美要与知、情、意相统一而形成理想，进而培养自由的德性。由此可知，培养自由的德性、养成德性的自由，作为冯契人性论的重要组成部分，通过"化理论为德性"的过程来实现，体现出其与"智慧说"哲学体系的内在关联。

综上所述，冯契人性论与"智慧说"哲学体系紧密相连。冯契的人性论研

⑮超物之物是高清海在其哲学著作中对人的一种定义，认为人是一种双重超越（内在超越和外在超越）的存在，我们不仅要完成对自然界的超越或历史的超越，更要完成对现存的自我的超越。

究存在两种不同的方法。一种是广义的认识论，另一种是价值哲学。这两种方法的功能是不同的：广义的认识论是打通知识与价值、认识与本体之间的联系，是从外部世界通达人的智慧之路；价值哲学则是对智慧的内省，是构建智慧的本体论[16]。由此可知，广义的认识论和价值哲学的互补，是研究冯契人性论的一剂良方。笔者以为，冯契的广义认识论和价值哲学，其实是冯契"哲学的人性论"的一个缩影。不论是冯契基于实践的认识过程的辩证法、逻辑思维过程的辩证法，还是价值哲学，都以揭示和发展人的本质力量这一"哲学的人性论"的本质为基础，而文化与人的本质力量的关系、文化与人的本质力量的发展则被冯契视为"哲学的人性论"的内在超越基础和内在要求。

二、冯契人性论与中国当代哲学的发展

从原初意义上讲，"世界哲学"指的是世界上各个不同民族的哲学传统，强调的是个性与共性的统一。随着时代的发展，"世界哲学"这一概念逐渐被理解为中西文化、哲学之间的沟通与合流，强调的是会通以求超越。需要注意的是，冯契所讲的世界哲学，是以中国传统哲学为本位、马克思主义哲学为基本立场而展开的。

冯契对以往学者提出的"世界的哲学"的出现与建立的观点，作出了回应。"新时代需要有新哲学，而世界的新哲学可能在东西两大文化传统的冲撞和相互作用中孕育出来。"[17]但这需要时间和作品来累积，"无疑，新时代的哲学或胡适所说的'世界的哲学'的建立，将是一个漫长的过程"[18]。对冯契而言，"所谓世界哲学，是在东西方各民族的哲学互相学习、互相影响、经过比较而彼此会通的过程中形成的"[19]。在笔者看来，这种会通不是只将中国优秀

⑯何萍、李维武：《从冯契"智慧说"的心性论和人格观看中国哲学的变革之路》，《学术月刊》，2014年第4期，第18-28页。

⑰冯契：《智慧的探索》，《冯契文集》（增订版）第8卷，上海：华东师范大学出版社，2016，第478页。

⑱冯契：《智慧的探索》，《冯契文集》（增订版）第8卷，上海：华东师范大学出版社，2016，第478页。

⑲冯契：《智慧的探索》，《冯契文集》（增订版）第8卷，上海：华东师范大学出版社，2016，第527页。

传统与西方现代哲学的精华会通，而是要在保持固有的民族性的基础上，对各自的传统进行批判性继承，并尝试将中西方文化与哲学进行比较、会通。换言之，会通是基础，我们要在会通的基础上以求达到中西方哲学与文化的融合。那么，冯契及其哲学体系是如何来呈现“世界哲学”的观点的呢？

冯契以中国传统哲学为本位，运用马克思主义哲学观点来诠释西方现代哲学，同时也借助中国传统哲学来诠释西方哲学和马克思主义哲学，达到了马、中、西的互释与融合。他建构的“智慧说”哲学体系，正是世界哲学的典范，具有世界哲学的特质。有学者指出，冯契认为的“世界哲学”就是在马克思主义哲学中国化过程中，东西方各个民族的哲学与东西方哲学的沟通和合流。在笔者看来，这一说法失之偏颇。笔者认为，从冯契的哲学著作中可以看出，他强调的“世界哲学”，不仅是对东西方各民族哲学的整体性认识和沟通、合流，更应该是马克思主义哲学、中国哲学、西方哲学的“三流合一”，也即“马魂、中体、西用”。

冯契关于世界哲学的界定，至少涵盖三个方面的内容。一是从静态来分析，指世界范围内各个国家和民族的哲学。二是从世界历史的发展来分析，马克思世界历史理论的提出，标志着世界上各个国家的文化特别是哲学必然产生交汇，从而使得世界上各个民族的哲学得以以“世界哲学”这一崭新的面貌出场。三是从动态来分析，冯契始终将世界哲学视为一种哲学发展的趋势，同时又呈现出两种现代化转向——中国传统哲学现代化和马克思主义哲学中国化。

由此观之，冯契对“世界哲学”的界定，不仅强调世界哲学的世界性和未完成性，同时也注重“世界哲学”的发展性和科学性，将“世界哲学”视为中西哲学交流与沟通、马克思主义哲学与中国传统哲学相结合的历史形态和发展状态。此外，认为世界哲学的发展将会呈现出新的“三流合一”的趋势，即在对马克思主义哲学、中国哲学、西方哲学三者会通、超越与融合的基础上，能够激发更多的哲学理论的创造和哲学体系的构建，推动世界哲学的进一步发展。

此外，冯契将“马克思主义哲学与中国传统的结合视为世界哲学的开端”[20]，断言毛泽东哲学思想的形成标志着东西方统一的世界哲学的出现。换言之，冯契对“世界哲学”的回应不仅体现世界历史的视域，而且非常注重当代哲学的理论创造。他对自己的哲学理论的构建作出了实质性的规划和要求，“根据实践唯物主义辩证法来阐明由无知到知，由知识到智慧的辩证运动”[21]。

可见，冯契对“世界哲学”的回应与界定，始终围绕“古今、中西”之争和哲学理论的创造、哲学体系的建构而展开，内在地呈现出一条在会通、超越、融合的过程中融入“世界哲学”发展的道路。

（一）以人性与理想为前提，建立世界哲学的视野

冯契提出的“哲学的人性论”在其研究方法、研究对象、研究视域等方面，都对马、中、西（哲学）的学术体系、话语体系进行了比照与分析，是多元文化融合视域下的“广义”人性论，自然具有世界性。基于此，冯契以“哲学的人性论”为基础，构建了广义认识论即“智慧说”哲学体系，并逐渐以此为契机，参与到世界性的百家争鸣中，建立起世界哲学的视野。

一方面，冯契以“史”“思”之合为导向，完成了哲学元理论即广义认识论和哲学史的创作，体现了本体论、认识论和价值论的统一。他建构的“智慧说”哲学体系，是中国近现代哲学转向中国当代哲学进程中的原创性经典。另一方面，冯契不仅对中国传统哲学的概念、话语进行了现代性诠释和转化，还积极吸取西方哲学的先进因素和马克思主义哲学中的合理性因素，推动马克思主义哲学的中国化和通俗化、时代化、大众化。这不仅体现了中国现当代哲学的发展进路，而且融入了世界哲学的发展进程。我们要重视以马克思主义哲学为主流的世界哲学的潮流与走向，更要将中国哲学与之相结合。

先来看冯契关于中国哲学史的创新性诠释。冯契运用马克思主义辩证方法来诠释中国古代哲学史，并采纳黑格尔历史和逻辑相结合的方法，将哲学史理解为“根源于人类社会实践主要围绕着思维和存在关系问题而展开的认识的辩

⑳冯契：《哲学讲演录·哲学通信》，《冯契文集》（增订版）第10卷，上海：华东师范大学出版社，2016，第220页。

㉑冯契：《认识世界和认识自己》，《冯契文集》（增订版）第1卷，上海：华东师范大学出版社，2016，第13页。

证运动”[22]。这使他的哲学史研究具有世界哲学意义，我们可以从两个方面来加以分析。

一方面，冯契借鉴西方哲学的逻辑分析方法，将中国古代哲学史的书写以逻辑发展的方式展开，并在采纳黑格尔提倡的圆圈式发展结构的基础上吸取列宁唯物的、实践的圆圈式发展结构。冯契认为，中国哲学史的发展由三个大圆圈和三个小圆圈组成，并且由荀子、王夫之、毛泽东做了各个哲学史发展时期的历史性总结。前两个圆圈是中国古代哲学发展的主要历程，而第三个圆圈则勾画了中国近代哲学的逻辑发展。冯契对中国传统哲学中的辩证逻辑进行继承性发展，并将其与西方哲学的形式逻辑分析方法相结合，创造出新的以中国哲学史为基础的实践的、圆圈式的哲学史叙述方法，体现了世界哲学的视野，展现了中西方哲学沟通和合流的“世界哲学”含义。

另一方面，冯契对中国古代哲学的逻辑展开和中国近代哲学的革命历程进行了中西会通式的诠释和梳理。冯契以马克思主义哲学为理论基础诠释中国传统哲学，并将两者结合，提出中国近代哲学革命的观点，并深入阐析这一观点。基于对中国近代哲学的批判性反思和剖析，冯契认为中国近代哲学也属于中国传统文化的一部分。他提出的“中国近代经历了一场哲学革命”的观点实际上是通过反思中国近代哲学来批判继承中国传统哲学，认为中国近代哲学是时代精神的体现，更是中国传统哲学的现实反映。冯契通过对中国近代哲学的革命进程进行梳理与分析，回应了“古今、中西”的时代问题，彰显出其哲学史诠释的世界性意义，自然是其世界哲学观的最直接、最重要的体现之一。

再来看冯契关于哲学元理论的建构。冯契自觉运用西方哲学的先进成果，将中国传统哲学中的合理性因素与之结合，并融入马克思主义哲学的实践的唯物主义，构建出“智慧说”哲学体系，彰显“世界哲学”意蕴。

首先，冯契对西方近代认识论进行了补充，将两问扩充为四问，即在感觉能否给予客观实在、理论思维何以把握普遍有效的规律性知识的基础上，增加了“逻辑思维能否把握具体真理”“理想人格或自由人格如何培养”两个问题。从而将狭义认识论拓展为广义认识论，为探寻知识与智慧的关系、情感与理智

㉒冯契：《中国古代哲学的逻辑发展（上）》绪论，《冯契文集》（增订版）第4卷，上海：华东师范大学出版社，2016，第31页。

的分离、元学与科学的分野问题提供了路径；实现了由无知到知、知识到智慧的双重飞跃，打破了名言之域与非名言之域的界限。冯契以广义认识论为核心的“智慧说”哲学体系，将本体论、认识论、价值论三者贯通，为解决近代以来科学与人生脱节、情感与理智分离、知识与智慧分野的时代问题提供了一个合理的方案，是对“古今、中西”之争的回应，更是推动世界哲学继续发展的典范。换言之，冯契将西方近代认识论与中国传统的心物之辩、群己之辩、天人之辩相结合，即将前两问与后两问相结合，这一创造本身就体现出世界哲学的视域，是中西哲学的合流与沟通，同时也暗含了“世界哲学”所强调的东西方哲学与文化的会通。

其次，冯契将中国传统哲学中的朴素唯物主义与马克思主义哲学中的辩证唯物主义相结合，创造性地提出了基于实践的认识过程的辩证法，并构造了辩证逻辑方法论，创立了以“类”“故”“理”为骨架的逻辑体系。这在理论层面上推动了中西哲学与文化的会通与融合，加快了中国传统哲学的现代化转型和马克思主义哲学的中国化。此外，冯契十分强调逻辑及其方法论上的古今、中西的会通，中国哲学与西方哲学正趋于合流，将会给哲学（包括逻辑学在内）以崭新的面貌㉓。

再次，冯契从德国古典哲学中批判地汲取了黑格尔的辩证逻辑思想、康德的有关“自我”“感知”—“知性”“理性”以及理性批判等思想，并在此基础上会通和融合现代西方哲学的实证主义和非理性主义。由此提出了合理的价值体系，提出了自觉与自愿相结合的价值准则，体现了中西哲学的会通与融合，展现出世界哲学的眼光。

最后，冯契在构建“智慧说”哲学体系的路径和方法上遵循“通过且超过”的准则，以开放、包容的心态积极地吸收马克思主义和非马克思主义中的合理性因素，对西方哲学秉持开放性，实现了马、中、西哲学的会通、超越、融合。通过对冯契的人性论进行考察，笔者发现这种会通、超越与融合是基于人的自由与理想的基础上展开的。一是人的文化水平取决于人的本质力量的发展。一个民族的文化水平取决于整个民族对人的人性能力的认知程度和运用程

㉓冯契：《逻辑思维的辩证法》，《冯契文集》（增订版）第2卷，上海：华东师范大学出版社，2016，第15页。

度。二是人作为精神主体，在生产实践活动中以自身和自身的本质力量为对象，推动了人类社会的进步和发展。从这个意义上讲，冯契以人性论为前提能够建立起世界哲学的视野。

（二）以人性与自由为基础，参与世界性百家争鸣

冯契曾对中国哲学的发展方向进行过分析和预判，在他看来，中国哲学在不久的将来必将走向世界，参与世界性的百家争鸣。因为中西哲学有其统一的潮流，当代哲学的发展方向就是将马、中、西（哲学）进行会通、超越与融合，在世界范围内保持民族包容性和开放性。基于此，研究中国哲学要建立起世界哲学的视野，要对中国传统哲学实现创新性转化、创造性发展；要将传统赋予新生，让人的个人特色更加鲜明。总之，中国哲学逐渐由中国走向世界的过程中，中国传统哲学也在向中国近现代哲学转化，最终将融入世界哲学之中，成为世界哲学的一部分。

冯契的哲学思考，不仅在中国得到共鸣和广泛探讨，在海外也受到广泛关注。其中以日本、欧洲最为成熟。冯契的原创性工作越发在国际上受到关注，是因为中国哲学的话语体系日渐提升。由此可知，冯契的哲学思考及“智慧说”体系在彰显世界性的同时也具有世界意义。

冯契通过对中国古代哲学的逻辑发展和中国近代哲学的革命历程进行阐释，认为“从中国近代来说，一直在讨论古今中西问题，中西哲学有合流成为世界统一哲学的潮流”[24]，并指出：“中国哲学的发展方向是发扬民族特色而逐渐走向世界，将成为世界哲学的一个重要组成部分。”[25]可见，冯契对中国近代“古今、中西”之争的回应，是立足于中国哲学与哲学史的发展的，对中国哲学未来的发展趋势和发展方向作出了前瞻性的预测，为中国哲学走向世界提供了可供参考的路径。

冯契的抽象理论、概念分析学说是对世界哲学问题的回应。需要强调的是，冯契始终是立足于中国，是在对中国历史和中国哲学作出系统总结和反思

㉔冯契：《哲学讲演录·哲学通信》，《冯契文集》（增订版）第10卷，上海：华东师范大学出版社，2016，第232页。

㉕冯契：《〈智慧说三篇〉导论》，《冯契文集》（增订版）第1卷，上海：华东师范大学出版社，2016，第4页。

之后，再去看待西方哲学的，并由此回应世界哲学提出的诸多问题。例如，他对休谟问题作出了回答，认为感觉能够给予客观实在，并作出了证明；借鉴康德、黑格尔、马克思、恩格斯、列宁的观点来诠释中国哲学中存在的“人性与天道”的问题。罗亚娜认为，“冯契对于本质与现象的分离问题给出了一种独特的、富有原创性的解决方案。……提供了一个更为复杂精致的方法论基础”㉖。由此可知，冯契的“智慧说”，具有世界哲学性质的体系，包容马克思主义哲学、中国哲学与西方哲学的同时，又具有独特的个性、风格。基于此，有学者指出，冯契的“智慧说”打开了世界哲学中的一片新场域㉗。也就是说，冯契的哲学思考，不仅对未来世界哲学的发展趋势作出了预测，其哲学体系本身就代表着世界哲学的发展方向。

综上可知，冯契的世界哲学观体现在其关于哲学元理论的创建、中国哲学史的创新性诠释等方面。冯契立足于中国哲学传统，对西方哲学有着独到的思考，尤其始终坚持实践的唯物主义，强调理论联系实际，奋力推动中国哲学的现代化和马克思主义哲学的中国化。在冯契看来，“当中国现代哲学发扬其民族特色而成为世界哲学重要组成部分时，中国传统哲学在世界上的影响也将进一步扩大”㉘。未来哲学的发展将以“世界哲学”的持续到场为主流，同时又彰显出不同国家在哲学与文化上独具一格的民族气派、民族特色、民族风格。

进而言之，冯契在其“智慧说”哲学体系中构建的人性论体系，同样具有世界哲学的性质，并以其独特的理论形态参与到了世界性的百家争鸣之中。纵观冯契的人性论思想，可以发现，其关于人的本质、人的本质力量、人性、人格的阐述和诠释，展现出世界哲学的眼光。我们可以从以下三个方面来分析。

第一，冯契的“智慧说”哲学体系，是对马克思主义认识论的进一步发展，推进了马克思主义哲学中国化的理论创新。人性论作为广义认识论中的重要一环，更是其中最为重要的原动力。

㉖ Jana S. Rošker. *Searching for the Way: Theory of Knowledge in Pre-modern and Modern China*, Hong Kong: The Chinese University Press, 2008, P.296。

㉗章含舟：《冯契哲学在海外》，《华东师范大学学报（哲学社会科学版）》，2016年第3期，第180页。

㉘冯契：《智慧的探索》，《冯契文集》（增订版）第8卷，上海：华东师范大学出版社，2016，第497页。

其一，冯契认为“哲学的人性论”是一种以人的本质及人的本质力量为出发点，通过发展人的本质力量来认识世界和认识自己，对如何改变世界、实现自由的德性和社会理想及个人理想提供路径和方法，并制定相应的评价准则和伦理道德规划的重要手段和思维范式。由此可知，他提出“哲学的人性论”，提升了人对认识自己和认识世界的积极性和主动性。进而言之，冯契立足于马克思主义哲学的实践观点来阐明人性在认识发展过程中的积极作用，把人性问题从本体论、认识论视域扩充到价值论、伦理学的领域，不得不说是对马克思主义哲学的继承性发展。

其二，冯契提出的“哲学的人性论”，是其“智慧说”哲学体系的重要组成部分。他运用“史”“思”结合的方法，对中国传统人性论的发展历程进行了梳理，对中国古代哲学的逻辑发展和中国近代哲学的革命进程进行了总结和分析；认为当代中国应该继续发展哲学革命，推动哲学理论的创新，参与世界性的百家争鸣。在对中国传统人性论进行梳理的过程中，冯契将孟子提出的性善论视为中国传统人性论的重要理论成果之一，对中国传统人性论的发展路径、发展方向作出了一定的预测。基于此，冯契将中国近代哲学中关于人性问题的探讨进行了进一步的总结和梳理，认为近代哲学家提出的人性论，是对传统人性论的批判性发展，同时也借鉴了马克思主义人性论、西方近现代本质主义和存在主义人性论。我们应该以中国近代哲学中的人性论为基础，对照传统人性论，在两者互动的情况下，结合马克思主义人性论及中国社会的现实，吸纳西方近现代本质主义和存在主义人性论中的合理性因素，作出创新性贡献。基于此，冯契对中国传统人性论、中国近代人性论进行了对比分析，将中国古代、近代的人性论传统，与马克思主义人性论、中国的现实相结合，吸纳西方近现代本质主义和存在主义人性论中的合理性因素，构建了以马、中、西人性论为基础的“综合人性论”，体现了世界哲学的特质。

第二，冯契提出的“哲学的人性论”，紧紧围绕人性是什么，人性怎样获得自由的发展，人性如何通过性与天道的交互作用获得智慧而展开，是对马克思主义人性论、中国传统人性论、西方近现代本质主义和存在主义人性论的综合创新和继承性发展。

其一，冯契借助本体论与认识论的关系来突出本体论在其广义认识论中所起到的重要奠基作用，并将人性论作为怎样认识世界和认识自己的起点，强调本体论与认识论的辩证统一。换言之，人性论在广义认识论体系中，不仅具有本体论的意义，也作为认识论、方法论与伦理学的统一形态而呈现。进而言之，冯契提倡的“哲学的人性论”，不仅关注人作为精神、意识主体的理性作用，更关注人作为精神、意识主体的非理性作用，重视人的无意识行为在认识发展中所起到的推进事物由量变到质变的重要催化作用。这是对马克思提出的完善论的重要补充，也是对历史发展过程中的偶然因素的重要阐明，也从一个侧面证明了感觉能够给予客观存在，但只有“正觉”才能够使感觉给予正确、真实的客观存在。不可否认的是，对感觉能否给予客观存在的回答，同时也是对西方近代认识论问题的重要回应，更加凸显出人性论作为本体论问题在认识论发展过程中所起到的决定性作用。

其二，冯契通过对“天性与德性”“理性与非理性”“个性与共性”的辩证统一的诠释来阐述人的本质，将人的本质视为天性到德性的转化过程，强化了人的感性认识活动。依据冯契的观点，人作为意识的主体，要经过感性认识过程，运用感性实践的方法来认识自己和认识世界。人的天性在人化自然的过程中逐渐转化为人的德性，同时也受到教育实践的影响，提升人的自我认知。作为个体的人，首先具有的是理性，并能够运用理性来观察、感知、认识世界，同时也受到非理性的力量而改变原有的认知形式和认知内容，两者相辅相成，缺其一而不完整。人在将天性转化为德性，运用理性和非理性的力量来认识自己和认识世界的方法、路径、结果上会有相同的部分，但也会因为个体的不同而产生差异。这种差异就是人的自由的个性与人作为类存在物而呈现的固有存在，不会自动消除。由此可知，冯契始终将人的本质与人作为物质本体存在与人作为精神主体的认识过程相结合，并融入认识过程的辩证法、逻辑思维方法论、合理的价值体系中，强化了人在认识自己和认识世界过程中的感性实践过程，是对传统人性论的继承和超越，彰显出世界哲学的眼光。

其三，冯契运用“类”“故”“理”的逻辑范畴及人性与智慧的关系来阐释人在认识世界和认识自己过程中的有目的的活动。在他看来，认识自己理应是认识世界的基础，过去的哲学家们过于强调认识世界的重要性，对认识自己在事物发展过程中的重要作用的问题的关注度有所欠缺。基于此，冯契将认识过程的辩证法、逻辑思维的辩证法（方法论）相结合，打通了逻辑思维与认识手段之间的界限，为推进唯物史观中人民群众的历史作用的研究提供了新的思路和方向。这正是沿着马克思提出的唯物主义的实践方法道路的进一步前进，为参与世界性的百家争鸣提供了基础。

其四，冯契在论证“哲学的人性论”何以可能、如何可能的过程中，充分、合理地运用马、中、西的思想资源，注重对马克思主义人性论、西方近现代本质主义和存在主义人性论、中国传统人性论的会通、超越、融合。他通过梳理中国传统人性论中的相关观点，将人性理解为天性与德性，并断定人的本质是由天性中转化而来的德性；从而阐明了性与天道的交互作用，用天道阐释了世界统一原理和发展原理。这实现了马克思主义哲学与中国传统哲学的结合，在理论结合前提下以人性论为基础参与了世界性的百家争鸣，是对马、中、西人性论的继承性发展。

第三，冯契提出的“哲学的人性论”，以马克思主义人性论为重要准则，以中国传统人性论为本位，借鉴西方近现代人性论的逻辑思维，推动了中国传统哲学的现代转型，为中国当代哲学的出场奠定了基础，参与了世界性的百家争鸣。

中国传统人性论作为中国传统哲学中重要一环，代表了中国传统哲学在人与自然问题、人与社会问题、人与人生价值问题上的智慧结晶，并由此形成了中国人在处理各种事物时具有的自觉原则。它强调人在认识世界和认识自己过程中，要自觉地运用现有的物质、精神条件来实现自身的价值的同时不能违背自然规律，要从集体的角度出发来践行实用理性。这就导致中国传统人性论重点关注人的社会价值问题，而忽视人的个人价值。冯契提出的“哲学的人性论”恰好对此进行了一定的修正。他从个性与共性的辩证统一视角出发，更加注重自由的个性，强调个体的价值，是对中国传统人性论的继承性超越。在此基础上，冯契又以自由的劳动为基石构建了自觉原则与自愿原则相统一的价值准则，在改进中国传统人性论的同时又推动了其与西方近现代人性论、马克思主义人性论的融合，使得中国传统人性论获得新形态参与到世界性的百家争鸣之中。

（三）以人的本质力量为核心，推动世界哲学的发展

人性论作为冯契“智慧说”哲学体系中本体论的重要组成部分之一，是广义认识论的重要组成部分。冯契通过对人性与自由、人性与理想、人性与智慧的探索，将马克思主义人性论与中国传统人性论、西方近现代人性论相融合，彰显出世界哲学的视野。其一，冯契将人性诠释为天性与德性的综合，将人的本质力量视为天性与德性、理性与非理性、个性与共性的辩证统一。其二，冯契借助和运用西方先进哲学成果，来诠释中国传统人性论的相关概念。如用黑格尔提出的“自在之物”“为我之物”来诠释中国传统哲学中的人与自然的关系，用马克思提出的“世界统一原理和发展原理”来诠释性与天道的关系。其三，冯契对休谟问题进行了解答，认为感觉能够给予客观实在；并将感觉与人作为精神主体的感性实践活动相结合，推动了人类认识活动的发展。以人的感性实践活动为基础，丰富了人的本质力量、人性能力的内容。由此可知，冯契以人性论为重要内容构建了“智慧说”哲学体系，尝试解决科学主义与人文主义的对峙、知识与智慧的分离问题，并在此基础上形成了他的世界哲学观。

冯契的世界哲学观不仅解析了“古今、中西”之争，回应了“中国向何处去”的时代问题，而且通过构建“智慧说”哲学体系，为解决科学主义和人文主义的对峙找到了思路。在笔者看来，冯契的世界哲学观推动了中西哲学、文化的会通、超越与融合，体现了时代精神的精华，值得我们学习和借鉴。

首先，冯契的世界哲学观符合历史大势，是时势使然。世界哲学不是某种具体的哲学原理，而是实现中西哲学合流的方法，是对社会发展规律的总结。冯契曾在他的哲学著作中引介黑格尔的观点，指出“哲学是哲学史的总结，哲学史是哲学的展开”㉙。也就是说，中西有不同的文化传统，“世界哲学”概念的提出和世界哲学观的产生，标志着未来哲学势必将在保留民族特色的基础上对原有的中西哲学进行创新与发展，而这种创新与发展将会以世界哲学的面目出现在人类的视野中。不论是哲学还是哲学史，都将顺应世界哲学的发展趋势，不断地进行中西融合，以求达到世界范围内的文化会通与融合。总之，冯

㉙冯契：《认识世界和认识自己》，《冯契文集》（增订版）第1卷，上海：华东师范大学出版社，2016，第17页。

契认为，建立具有世界哲学性质的哲学体系，要在世界范围的百家争鸣中会通古今、融会中西。对此，冯契强调指出，世界哲学是在漫长的历史过程中形成和发展的，一个具体的会通古今中西的哲学体系，正是世界哲学的一种表现。也就是说，冯契的世界哲学观和他所创建的具有世界哲学性质的“智慧说”哲学体系，体现了中国特色和中国气派，在20世纪的世界哲学话语中充当了重要的角色。21世纪的今天，中国基本实现了现代化，在各个领域都取得了巨大的成绩。社会文化变革始终是政治、经济改革的重要源泉和思想来源，我们要重视中国文化传统与西方文化传统的内在联系，把马克思主义理论作为指导思想的同时，更要凸显中国的民族特色和民族气派，在会通中超越，在超越中融合。

哲学是时代精神的精华，时代精神的塑造和弘扬更是哲学思想的体现。纵观冯契世界哲学观，我们不难发现，想要建立一个具有世界哲学性质的哲学体系，需要将中西哲学进行合流，更需要结合哲学家自己的亲身经历，对社会中存在的各种现象和问题进行深入思考，而不是只关注文本本身。冯契的世界哲学观及其所构建的“智慧说”哲学体系，充分体现了这一思想特征，它既符合世界哲学的趋势，又对社会发展作出了规律性总结。冯契所预测的21世纪的哲学走向已经在中国得到了证实。全球化是历史大势，相通则并进，相闭则各退，经济、政治如此，文化也是如此。中国当代哲学越来越关注社会现实，越来越具有国际视野，我们有理由相信，在不久的将来，世界哲学的格局将会随之改变。

其次，冯契世界哲学观为当代中国继续发展以人民为本位的文化提供了理论支持和历史支撑。冯契世界哲学观明确指出：我们要建立一个大众的、普遍的文化观念，要坚持以人民为导向；只有被大多数人所接受和信仰的文化，才是符合社会发展的文化。这种以人民为本位的文化观，一定意义上代表了人们对待“古今中西”文化问题的取向和态度，即我们应深入思考如何在文化取舍中培养民族自信，将急人民之所急、想人民之所想从哲学思想层面体现出来。如前所述，冯契世界哲学观的核心观点就是打破中西文化和哲学的壁垒，实现中西哲学和文化的会通、超越与融合。冯契提倡以比较的眼光和开放的视野对待中西文化，既善于吸收西方文化中适合在中国发展和应用的部分，同时也对那些非马克思主义和具有不合理因素的民族文化持开放、包容的态度。因为中国传统文化自始就包含着一种宽容精神，这使得我们在面对外来文化时不会盲目拒绝，但也不会照单全收。总之，我们在对传统文化和传统哲学进行反思时，要坚持以马克思主义哲学为基本立场，正视传统文化中存在的不合理因素，对传统哲学进行批判性反思，转化和吸收其中的不合理因素，继承和发展具有时代价值的部分。

文化是一个国家生命力的体现，尤其是在历史长河中产生过重要影响的文化成果，更值得我们学习和借鉴。我们要在多元、异质的社会环境中努力学习中国传统文化，找到中国传统文化和传统哲学在现代社会中新的生长点和着力点。社会主义核心价值观的建立和文化自信政策的推行，就是对现有的社会价值观念和文化观念的约束和改造。在推动当代中国文化发展的历史进程中，我们要坚决抵制、批判历史虚无主义，正确对待中国传统文化，并以人民为本位，正视人民群众在历史进程中的重要作用，以进一步深化和推动社会主义文化的进步与发展。这也正契合冯契世界哲学观所提倡的对待传统文化和西方文化差异的认知方式。

再次，冯契的世界哲学观为继续推动中国特色哲学社会科学话语体系和人类命运共同体的建构起到了理论指导和丰富内涵的作用。马克思共同体思想与中国传统和实际相结合，形成了习近平总书记提倡的新时代人类命运共同体思想，为推动21世纪中西文化会通和融合、加强各国之间的交流与合作提供了理论保障。人类命运共同体的构建包含多方面的内容，其中最为关键的就是如何对待中西文化传统的差异，包括哲学理论方面的差异。中国传统哲学重视天人关系，讲究天人之际和古今之变，具有天命论的特点；而西方哲学重视逻辑和哲学体系的建构，具有认识论和进化论的特点。这种观念差异使得中西方民族在处理本国事务和国际事务中难免存在分歧。构建人类命运共同体的设想实际上就是对分歧的一种解决办法。从哲学层面而言，只有正视中西文化的差异，进行会通与融合，才能进一步推动人类命运共同体的构建。就此而言，冯契的世界哲学观恰恰为人类命运共同体的构建提供了一种理论说明——建立综合中西的具有世界哲学性质的哲学体系，来推进人类命运共同体的构建。

与此同时，我们尤其要重视马克思主义哲学在中国的创新和发展。我们看到，如何进一步建构中国哲学社会科学话语体系，完善中国哲学社会科学话语体系的内容，是目前哲学社会科学研究领域的重中之重。冯契依据中西哲学的差异，结合中国传统哲学的意象，提出了由天性到德性、由德性复归天性的认识路径，并确立了化理论为方法、化理论为德性的认识手段和方法，推动了哲学理论的创新和话语的创新，这其中也体现了他的世界哲学观的创新。由此可知，我们在继续完善中国特色哲学社会科学话语体系的内容、强调中国特色和中国气派时，一方面不能拒绝融入西方近现代哲学中的合理性因素，另一方面不能以西方哲学为标尺，一量到底。两种偏颇皆不可取。我们倾向于运用冯契先生提出的“通过且超过”的研究方法，努力推进中西哲学的会通与超越，在融合中构建具有中国特色的哲学社会科学话语体系，并完善其内容，这对马克思主义哲学的创新和发展同样具有方法论启示意义。

最后，冯契的世界哲学观为当代哲学理论创新提供了可借鉴的思维范式和理论依据。冯契的世界哲学观前瞻性地揭示了21世纪哲学的发展趋势。当前，世界多极化趋势日益明显，哲学思想领域的“世界范围的百家争鸣”将会越来越凸显，进而哲学理论创新也显得越加紧迫。一般而言，哲学理论创新离不开对哲学史和哲学元理论的研究，只有对中西哲学史和哲学元理论进行深入研究和思考，将两者进行融合，形成自己独到的见解，才称得上对思想创造有所增益。这恰恰与冯契的世界哲学观相契合。

笔者认为，冯契的世界哲学观贯穿于其整个“智慧说”哲学体系中。第一，他结合西方认识论传统，对认识论相关问题作出了解答，尤其是对逻辑思维如何把握具体真理、如何培养自由人格（塑造理想人格）作出了创造性阐释，实现了由无知到知、由知识到智慧的两次飞跃。第二，冯契对中国哲学史进行了创新性诠释，认为中国哲学史是由三个螺圈构成（先秦时期，先秦至明末清初，明末清初至新民主主义革命时期），而分别由荀子、王夫之、毛泽东作了三个时间段的总结，呈现螺旋式上升结构。第三，冯契对中国古代哲学的逻辑发展脉络进行了梳理，对中国近代的哲学革命进行了解答，构建了以类、故、理为骨架的逻辑结构，这些也是冯契“智慧说”哲学体系的创新之处。中国哲学史分类方法和类、故、理的逻辑范畴在中国现代哲学家如金岳霖、张岱年等人的著作中都有体现。冯契先生对它们进行分析和综合，采用历史与逻辑相统一的方法进行创造，形成了他自己的一套哲学体系。由此可见，哲学理论的创新不是摒弃原有的中西哲学传统，而是要站在世界哲学的高度，对已有的中西哲学理论进行会通、超越与融合，同时还要结合各个国家的现实情况，形成自己独特的思维范式和诠释方法。只有这样，才能实现中西哲学的融合，达到哲学理论的创新，真正实现世界范围内的百家争鸣，推动世界哲学的进一步发展。

三、哲学的“未来”与未来的“哲学”

世界文化的交流与融合，使得世界哲学这一概念和趋势成为全球化进程中必不可少的一种文化现象。那么，如何使中国哲学走向世界，又如何运用马克思主义哲学和西方近现代哲学的资源来推动中国传统哲学进行现代化转型呢？在笔者看来，最主要的一条路径就是挖掘中国近现代哲学体系中所蕴含的具有哲学原创性的思维方式和观点，找到各个哲学体系之间存在的关联，并进行比较分析，形成一个整体上的哲学文化方案，为哲学的“未来”和未来的“哲学”提供一个可供参考的走向和可以借鉴的方法和路径。

诚如冯契、高清海、叶秀山等当代哲学家所猜想和预测的那样，未来哲学的希望和文化的走向在中国而非西方，不管是人类命运共同体思想的提出还是中国特色哲学社会科学体系的构建，都是在向世界范围内传达中国智慧和中国方案[30]。我们有理由相信，未来哲学的走向是在原有的由中国哲学走向世界哲学，再回归到由世界哲学引领中国现当代哲学体系的创造，最终复归到以中国现当代哲学体系为主的包容马克思主义哲学、西方近现代哲学以及印度哲学的具有中国特色和中国气派的新型哲学话语体系的形成和中国哲学、文化道路的表达。

从哲学原创性视域出发，以问题意识为主线，不难发现，中国哲学的现代化进程是伴随着中国哲学知识体系的创新和发展而展开的。于是乎，如何从这些哲学知识体系中挖掘其原创性贡献显得十分重要。在笔者看来，哲学原创性

㉚参见冯契：《未来文化的发展道路》，《冯契文集》（增订版）第3卷，上海：华东师范大学出版社，2016；高清海：《中华民族要有自己的哲学理论》，《吉林大学社会科学学报》，2004年第2期，第5-7页；叶秀山：《哲学的希望》，南京：江苏人民出版社，2018。

就是指：在原有的哲学史和哲学元理论基础上进行综合创新，对原有的哲学元理论和哲学史概念进行再次创造，挖掘出新的概念、范畴、观点和理论。换言之，只有正确把握哲学与哲学史的关系，才能更好地推动哲学体系的创造和发展。

冯契的“智慧说”哲学体系，正是一个从哲学与哲学史关系着手，将认识论作为主要切入点，引进认识过程的辩证法，以广义认识论为主要工具，创造性回答了逻辑思维如何把握具体真理、自由人格如何培养，并尝试解决“古今中西”之争、“中国向何处去”等时代问题的具有原创性典范的哲学思想体系。质言之，以哲学原创性为视角，以冯契“智慧说”哲学体系为中心，对中国哲学现代化进程中作出过原创性贡献的哲学家的经典著作和他们所创建的哲学体系进行比较研究，将更加立体、更加生动地呈现出一条中国哲学现代化进程的脉络。纵观冯契的“智慧说”哲学体系，我们可以发现其理论体系呈现四个方面的特征。一是“史”“论”结合，有史有论。二是马、中、西三者融合，“以中释西、以中释马、以马释中，马、中、西互相阐释”，具有世界哲学的视野。三是采用逻辑与历史相一致的方法，用广义认识论解决了认识过程的各个环节之间的关系问题，并对知识如何转化成为智慧的过程进行了论证。四是注重哲学与哲学史的关系，始终彰显民族精神和时代精神。冯契“智慧说”的根本任务“就是要根据实践唯物主义辩证法来阐明由无知到知、由知识到智慧的辩证运动”[31]。

笔者认为，冯契提出的“哲学的人性论”不仅作为其广义认识论的重要组成部分，而且由此构建出以广义认识论为重要内容的“广义”人性论。冯契在其“智慧说三篇”中指出，本体论是认识论的依据，认识论是本体论的导论[32]。纵观冯契的“智慧说”哲学体系，不难发现的是，冯契虽然将认识论视为本体论的导论，却花费大量的篇幅来阐述本体论。一方面，他将认识论视为本体论的导论，却把其哲学元理论论述为广义认识论，不符合原本的哲学进路；另一

㉛冯契：《〈智慧说三篇〉导论》，《冯契文集》（增订版）第1卷，上海：华东师范大学出版社，2016，第13页。

㉜冯契：《认识世界和认识自己》，《冯契文集》（增订版）第1卷，上海：华东师范大学出版社，2016，第84页。

方面，冯契又把本体论视为认识论的依据，将本体论和认识论相互统一，推动了广义认识论体系的构建。这种既对立又统一的关系，正是我们在对冯契哲学思想进行思考和研究的过程中需要极其注意的一个方面。

基于此，我们应该以冯契强调的"哲学的人性论"为新的视角，对冯契构建的"智慧说"哲学体系进行新的阐释和解读。并在这个过程中，对哲学的"未来"和未来的"哲学"的发展方向、发展路径、标识性概念的形成进行预测和前瞻。

（一）哲学的"未来"：以人的实践活动为中心走出现代性困境

冯契在其"智慧说"中曾对未来文化的发展方向作出前瞻性的展望，在他看来，文化作为人的本质力量之一，必将在世界范围内（东西方国家）形成新的格局，呈现出世界性的百家争鸣的局面。如今，我们面临着世界范围内"百年未有之大变局"和中华民族"三千年大变局"。如何应对和解决当下的时代问题，推进社会进步和历史发展，走出现代性困境显得尤为重要。而如何解决东西方文化的差异性问题，化解东西方文化存在的矛盾，是破解这一时代问题的重要环节。哲学作为时代精神的精华，更是解决这一时代问题的本质核心。

冯契创造性地将人的本质力量的对象化和形象化过程与理想、自由联系在一起，推动了以人为主体的实践思维范式的进一步发展，形成了他的"哲学的人性论"话语。在此基础上，冯契又将文化与人的本质力量联系在一起，对人的本质力量与文化的关系展开了讨论。在他看来，文化是人的本质力量的体现，作为人的最基本的本质力量的理性与非理性也凝聚在文化与人性的自由发展中。"文化和人的本质力量的全面发展要求理性与非理性、意识与无意识的全面发展。"[33]也就是说，冯契在将文化和人的本质力量联系在一起的同时，侧重的是文化中涉及的非理性力量的作用。

基于此，冯契在《人的自由与真善美》中，对神话在人类认识过程中的作用进行了探讨。冯契指出，神话作为超现实的想象，沟通了过去、现在和将来，是广义认识论的逻辑起点。神话作为人类文化的重要产物，在人类社会发

㉝冯契：《人的自由和真善美》，《冯契文集》（增订版）第3卷，上海：华东师范大学出版社，2016，第266页。

展和历史进程中，起到了非常重要的作用。它被冯契视作超现实的想象和科学的幻想，与个体的思维活动紧密相连，如何从神话中获得经验知识和科学认知，激发人的认知欲望，成为其广义认识论中不可忽视的重要环节。

以道观之，冯契神话观或神话哲学思想包含三重内涵逻辑。一是神话与人类的认识发展紧密相关，神话、传说是不同民族、不同国家的精神图腾和文化象征。重视神话、传说，亦是重视传统，反思现实。二是神话源自生活而又高于生活，与哲学、科学之间存在紧密的联系，是哲学、科学诞生之前重要的精神象征。三是冯契的神话观始终围绕着广义认识论而展开，神话与智慧之间存在紧密而又相互推动的关系。围绕神话与智慧之间的关系，冯契将价值理想和自由人格的培养引入认识论，形成其广义认识论的基础，极大地提高了神话在历史发展和社会进步中的作用与地位。

其一，冯契认为神话是产生新的知识和新的思维方式的重要手段，而经验知识是形成智慧的前提。换言之，神话是人类对过往的经验知识进行总结归纳和产生新的形上智慧的重要前提和借鉴。神话、科学、哲学三者相互影响、相互作用的最终结果，就是形成具有特殊性和普遍性的人类实践智慧和形上智慧。神话是通向形上智慧的起点，同时也是通往未来人类文化的终点之一。经过如此反复过程，人类的认识实践活动能力才得以不断获得提高和提升。

其二，冯契断定神话是超越部分现实和过去的想象，是对经验事实的整体性升华，夹杂着真实和虚幻、现实与想象，能够为我们进一步认识和获得新的科学知识提供精神动力。而智慧是对经验知识进行总结和归纳后得到的具有普遍性、适用性的解决事物在发展过程中所呈现的问题及认识事物的方法。它包括形上智慧和实践智慧两个方面，但最终都以解决认识过程中出现的各种问题为目的。换言之，神话是沟通知识与智慧的桥梁，经验知识经过感性直观的具体再通过原始思维的抽象形成超现实的想象即神话。而神话又将这种超现实的想象通过不同的文化载体传播给进入文明社会的人类，从而将这种原始思维留存在人类的历史基因中。原始思维的存在与发展及神话的广泛传播，为人们在认识过程中如何把握事物的本质提供了一种精神特质和原始基因。基于此，神话将原始思维保留下来，而原始思维的存在使得神话镶嵌在不同民族的文化基因之中。进而言之，神话为人类形上智慧和实践智慧的产生及获得提供了最初的质料因和目的因（精神动力）。

其三，神话与智慧是冯契广义认识论中的两个重要范畴，冯契通过神话和神话体系的发展来总结人类认识发展的过程，并将神话引入其广义认识论中，推进了人类对实践智慧和形上智慧的追寻。神话往往与历史的发展和人类社会的进步相关联，它虽然诞生于原始社会，通过原始思维构建和想象出来，但也凝聚了原始人的智慧和心血。冯契借用神话和由其衍生出的神话体系（宗教及神秘主义），把人类认识发展的过程复归于神话的诞生与智慧的追寻。经过由神话到智慧再由智慧回到神话的反复过程（类似于冯契论述的由天性到德性，再由德性复归为天性的过程），人们逐渐从神话故事中汲取科学的知识和理性的认识，产生对不同经验事实和现实对象的理性的直觉，逐步形成具有普遍性的具体真理，以追寻形上智慧。这就是说，从神话到智慧是一个非线性的回归和往复过程。一方面，神话中所蕴含的原始质料和认识基因是固定的，神话大多是人类通过对现实中出现的事物和现象进行科学的幻想而形成的，蕴含着人类原始思维的精华，是人类在认识自己和认识世界以及改变世界中起到重要作用的历史原点和基因原点。另一方面，冯契通过“智慧说”哲学体系向世界展现了广义认识论的真谛，即如何运用认识过程的辩证法来认识世界和认识自己，实现人生理想。在冯契看来，神话与智慧既是广义认识论逻辑起点，又是广义认识论的价值载体。神话中蕴含着由知识逐渐形成智慧的契机和因子，而智慧则是由经验知识经过抽象—具体—抽象过程而达到的另一个彼岸即下一个认识过程的起点。

冯契将神话作为一种介质沟通了本体论、认识论和价值论，进一步推动了认识论的前进和发展。一方面，冯契的神话观正确回答了原始思维与神话之间的关系，即原始思维在神话诞生的过程中所起的作用，原始思维是如何通过现实环境来进行科学的幻想，最终形成神话的；另一方面，冯契的神话观为解决神话在认识过程中的作用的问题提供了可供参考的思维范式和理论支持，给我们进一步领会其广义认识论提供了一个新的思考方向。

进而言之，冯契指出境界也是人的本质力量的形象化和对象化产物。在他眼中，境界包括了人生境界、审美境界和艺术境界等不同的方面。一般来说，境界的高低决定了人的精神高度。而在冯契看来，境界的生成与获得，与人的本质力量的揭示及发展息息相关。因为境界作为人的本质力量的形象化和对象化产物，可以通过现实的可能性来影响人的感性认识实践活动，从而影响到人性的自由发展即智慧的获得。从这个意义上讲，境界的高低不仅决定人的精神高度，而且影响人获得自由和理想的难易程度。

此外，冯契对人类实践活动与自然的关系、人如何运用自然规律等提出了要求，制定了准则。在他看来，人对自然进行斗争，力图支配自然，成为自然的主人，然而，真正的自由须经过斗争又和自然统一才能得到。人不能在自然面前处于奴隶的地位，而应该通过斗争认识自然以求支配自然；不能与自然为敌，不能摧残自己的内在自然（人性），也不能破坏人和自然之间的动态的平衡。正确的结论应是：在社会实践的基础上，通过性与天道的交互作用，达到天和人之间动态的统一。

总之，冯契以“哲学的人性论”为理论核心，对“哲学”的未来作出了畅想与规划。我们应该在充分发挥人的本质力量在事物发展过程中的作用的同时，注重人类实践活动对人与自然、人与社会的影响，要让人与自然、人与人之间达到所谓的“天人合一”的动态平衡的辩证统一。这同时也是当代中国哲学理论构建的重要准则和实践哲学发展的重要方向之一。

（二）未来的“哲学”：以人的自由全面发展为目的构建哲学话语体系

冯契提出的“哲学的人性论”，运用性与天道的相互作用，挖掘人性与智慧的关系，认为智慧的获得就是人性能够得到自由发展的重要保障，人性的自由发展也是人能够获得智慧的前提之一。两者相互影响，共同发展。冯契在“智慧说三篇”的最后一篇《人的自由与真善美》中，对未来文化的发展方向进行了预测和分析，他认为中国的文化与哲学将在“既济”“未济”的哲学革命进程中融入世界哲学的发展。

进而言之，冯契指出未来的“哲学”势必是马、中、西融合发展的世界哲学，但仍然离不开“人之为人、何以成人”的问题。笔者认为，未来的“哲学”，将会以人的自由全面发展为目的构建哲学话语体系。

其一，人类中心主义和非人类中心主义的论争当下仍在持续，并逐渐走向高峰。但通过大部分学者的理论研究证明：人类中心主义和非人类中心主义是两个极端，我们既不能以人类中心主义作为价值取向贬低其他生物，也不能以非人类中心主义作为行动方向过于强调客观存在，这两个偏颇皆不可取。我们倾向于冯契人性论中所涉及的道德规范即“自觉与自愿相统一的原则”来看待这一问题。首先，人类中心主义过分强调人的主观能动性和人作为核心的地位，而没有重视本然界中的客观存在，导致人与动物之间产生控制与被控制等不和谐关系。其次，非人类中心主义将人视为低于本然界的客观存在的主观存在，使人处于不受重视的地位，夸大了自然规律。最后，人类中心主义和非人类中心主义都将人的地位作为参考物，本身就存在价值立场不统一的矛盾。一方面，按照正常的逻辑思维，非人类中心主义理应从本然界的客观存在视角出发，来探讨人在本然界中的地位，而不是从人的视角出发再反过来贬低人的地位。另一方面，人类中心主义虽然以人作为核心，但不能过分强调人在自然中的绝对主宰地位，要在以人的主观思维为出发点的基础上调节人与自然的关系。

其二，冯契提出的“哲学的人性论”以及高清海构建的“类哲学”话语体系，为解决人类中心主义和非人类中心主义的对峙提供了方案。冯契和高清海都运用中国传统哲学的思维范式，将本然界和自然界理解为“天之天”和“人之天”，认为人与世界之间是否定性统一的关系，从而尝试化解人类中心主义和非人类中心主义中存在的极端情况和矛盾。依据马克思的观点，人的本质在其现实性上，是一切社会关系的总和。我们要通过实践的观点和实践的方式来重新认识人，这种思考方法必然是以人作为主体来认识人和人类，也即高清海提倡的“类哲学”的思维方式。在冯契的人性论中，这种方式被诠释为人在感性认识实践活动中由天性到德性、德性复归为天性所获得的自由的德性。进而言之，冯契将性与天道的作用与认识世界和认识自己的实践运动过程相结合，认为在性与天道的相互作用下产生的智慧理应符合世界物质发展的统一性原则。

其三，冯契的“智慧说”哲学体系作为中国现当代具有独特原创性的中国马克思主义哲学体系，也体现了当代中国哲学所具有的世界性意义和不断回归形上智慧、实践智慧的转向。冯契曾对未来哲学的发展趋势作出前瞻性预测，认为未来哲学的发展方向是中西方哲学的会通与融合，在世界历史的发展进程中形成世界哲学的格局。也就是说，中国当代哲学的发展方向是将中国传统哲学与西方近现代哲学、马克思主义哲学相融合，逐渐从价值哲学回归到文化哲学的这样一条进路。冯契提出的文化哲学虽然是对其价值哲学的补充和发展，却没有脱离其构建的价值哲学体系所涵盖的范围和思维范式。这就使得冯契提出的文化哲学虽然在部分观点上超越了他的价值哲学体系，但仍然不能完成对价值哲学体系的重新建构和阐发，这是冯契"智慧说"哲学体系的一大缺憾。即便如此，需要我们肯定的是，冯契的文化哲学进路，给当代中国哲学理论体系的构建指明了方向。而冯契提出的"哲学的人性论"，正是其文化哲学进路的重要路基之一。正是因为聚焦于人的本质力量与文化的关系，冯契的"智慧说"哲学体系才呈现出对形上智慧的追溯、对实践智慧的探索，同时也呈现出一条不断向传统理论智慧回归的路向。值得注意的是，这种向传统理论智慧的回归，并不是脱离现实和实践的一种回归，而是要在实践的基础上不断回顾经典和固有的文化基因，从传统中汲取精神和力量。

其四，作为冯契弟子的杨国荣先生，沿着"金冯学脉"的哲学进路继续前进，构建了"具体形上学"体系。这一体系是对冯契"智慧说"中关于形上智慧问题的进一步探讨，同时也体现出以人的自由及全面发展为中心的哲学运思。

首先，在《成己与成物——意义世界的生成》一书中，杨国荣通过对成己与成物的过程进行分析，阐明了意义世界是如何生成的。一是借助"成己""成物"来反思人为何存在。当人反思为何而存在时，他所关切的也就是其自身的存在意义。与存在意义自我追问相联系的，是不同形式的精神世界或精神境界。相应于人自身的反思、体悟、感受等，境界或精神世界所内含的意义不仅涉及对象，而且指向人自身之"在"。二是从成己与成物的维度看，广义的精神世界既包含人性境界，又涉及前文提及的人性能力。作为知、行的具体展开，成物与成己诚然都涉及人的价值理想，但成物首先以合乎人的历史需要为指向：在化本然之物为人化实在的过程中，合乎人的价值理想与合乎人的历史需要，具有内在的一致性。在这里，"物"的意义，首先通过人以及人的需要而呈现，从而表现出某种外在性。相对于此，"己"表现为人自身的存在，成己并非旨在合乎人之外的需要，而是也以人自身的完成为目标，对人而言，它更多地体现了内在的意义。事实上，在成己的过程中，人既是意义的体现形态，又是追寻意义的主体；意义的生成，同时表现为意义主体的自我实现[34]。

其次，提出了人性能力这一概念，将人性能力视为认识自己和认识世界、沟通现实世界和意义世界的桥梁。一是就存在的形态而言，人性能力具有本体论的品格，它无法与人分离而总是与人同在。与之相对，形式的、逻辑的东西可以融入人的认识系统，也可以外在于人。二是从宽泛的意义上说，人性能力是人的本质力量在认识世界和认识自己、变革世界和变革自己这一过程中的体现。具体地看，它涉及“已知”与“能知”等多重方面。所谓“已知”，是指在类的历史过程中形成、积累起来的广义认识成果。一方面，人性能力总是奠基于广义的认识成果，其形成也与这种认识成果的内化、凝结相联系，否则便会流于空泛；另一方面，广义的认识成果若未能体现、落实于人性能力之中，亦往往只是一种可能的趋向，作为尚未被实现化的形式条件，它们缺乏内在的生命力。三是人性能力既有康德意义上形式、逻辑的方面，又涉及意识过程、精神活动，从而在一定意义上表现为逻辑与心理的统一。

最后，以感性与理性、理性与非理性等统一为形式、能力融合于人的整个存在，呈现为具有人性意义的内在规定。在理性的层面，人性能力以逻辑思维为形式，以实然与应然、真与善的统一为实质的指向。对实然（真）的认知、对应然（善）的评价，同时又与目的合理性（正当性）的确认以及手段合理性（有效性）的把握彼此相关。这一过程既以知识的形成为内容，也以智慧的凝集、提升为题中之义，无论是真实世界的敞开，抑或是当然之域的生成，都展示了理性能力的深沉力量。与理性或逻辑思维相辅相成的是想象、直觉、洞察等非理性形式，后者的共同之点，在于以不同于一般理性或逻辑思维的方式，展示了人把握世界于人自身的内在力量[35]。

（三）哲学的希望——百年未有之大变局与中国哲学的机遇

如今，我国面临着“百年未有之大变局”，中国当代哲学该如何创新性发

[34]杨国荣：《导论》，《成己与成物：意义世界的生成》，北京：北京师范大学出版社，2018，第7页。

[35]杨国荣：《导论》，《成己与成物：意义世界的生成》，北京：北京师范大学出版社，2018，第14–16页。

展，融入世界哲学之中，仍然是我们这个时代面临的最为严峻的文化问题。一方面，文化与哲学的发展，始终关联着每个国家的政治、经济发展，同时又关乎世界格局的演变。如何在时代浪潮中发扬民族特色、彰显民族气派、突出民族品格，将影响到我国在世界民族之林中的角色和地位。另一方面，世界格局的转变，离不开中西方文化与哲学的相互交融和渗透，在百年未有之大变局下把握中国哲学的机遇，是实现中国传统哲学创造性转化和创新性发展的希望。

冯契提出的关于人的本质的新的界定和"哲学的人性论"的建构紧紧围绕其广义认识论而展开，充分地对马克思人本理论进行了借鉴和创造。高清海提出的人的"类生命"本质（人的类本质）理论与马克思人本理论一脉相承。他将实践思维方式与个人的成长和发展联系在一起，以"类"的概念来总结和规划事物的发展和变迁，再由此转化成人的成长和发展。冯契则不同，他注重的是理想人格的培养和普遍自由王国的建立，始终关怀的是个人在认识过程中如何实现自身价值，如何将知识转化为智慧，如何"化理论为方法、化理论为德性"。基于此，探寻冯契、高清海人性理论的当代价值，把握在百年未有之大变局下中国哲学的机遇，十分必要且重要。冯契提出的"哲学的人性论"和高清海建立的以人的存在为核心的"类哲学"体系，是实现这一目标的思维范式和理论依据。

第一，进一步加深个人在历史中的作用和地位，巩固唯物史观在开辟马克思主义新境界中的重要理论地位。人民群众是历史的创造者，个人在历史的发展过程中起到了不可估量的重要作用。沿着马克思人本理论的路径前进，冯契和高清海对人的本质进行了新的角度的阐释，使其更加符合和适应中国社会的发展。

依据马克思的论断，人的本质是一切社会关系的总和。冯契、高清海在此基础上都进行了阐发和引申，把人的本质从本体论范畴引入认识论和价值论范畴和视域之中。基于此，人的本质可以转化为人对自然、社会的独特认识方式和实现自我价值的目的论基础。在笔者看来，冯契和高清海的人本理论都是基于马克思历史唯物主义的立场对人在历史发展过程中取得的关键性和获得性作用作出的分析和批判。因此，冯契先生和高清海先生的人本理论是马克思主义哲学中国化的重要理论成果且具有原创性贡献的典范。如前文所述，冯契、高清海围绕如何实现个人的人生理想和人生价值探讨了人的本质在认识事物和事物发展中的重要作用，给中国当代马克思主义人学的创造性发展提供了思维范式和理论支撑，为推动马克思主义哲学中国化、时代化和开辟马克思主义新境界赋予精神动力。

第二，进一步扩大人类认识活动和实践活动的范围，在强人工智能时代深化个人的主观能动性和自我意识。冯契在其“智慧说三篇”中专门探讨过如何认识世界和认识自己的方法和路径的问题，他沿着实践辩证唯物主义的道路，通过认识过程的辩证法，将人类实践活动转化为人类实践思维方式。这与高清海提倡的实践思维观点有异曲同工之妙。

一方面，高清海沿着马克思的思想轨迹，提出要改变固有的思维范式，应该逐步采取马克思提倡的实践思维范式，并使其适应于中国的传统和现实。于是，高清海在20世纪80年代进行传统教科书的改革，对苏联翻译和编写的马克思主义哲学教材进行重新编写和编排，引入有关马克思主义人学和价值论的内容，推动哲学观念的创新。他提出要进行哲学观念的创新和思维方式的变革，尤其是要坚持马克思提出的实践辩证唯物主义道路。基于此，高清海先生提倡改变固有的哲学思维范式（将中国传统哲学和西方哲学中对思维与存在的关系等终极哲学之问暂且抛开），转至研究人与人、人与世界的关系上来。在这个过程中，高清海先生创造出“类”哲学概念和以“类”为基准的哲学体系，强化了个人在认识过程中的独特作用，同时也为哲学何为及何为哲学提供了一种“类”的思考范式，使“类”哲学能够统一于世界哲学之中。

另一方面，冯契先生有感于时代问题，创造出“智慧说”哲学体系，着重探讨了认识论中存在的人生观和历史观的问题。他始终为解决知识和智慧两者的分离而努力奋斗，同时围绕人与人、人与社会、人与自然之间的关系，在马克思主义哲学认识论的基础上加入有关价值论的自觉和自愿评价准则，将人的本质问题放在本体论、认识论和价值论相统一的视域下进行思考，扩大了马克思主义人本理论的思考方向和应用范围。

第三，进一步推进“类”哲学的发展，构建以“类”为骨架的具有中国特色的马克思主义哲学学科、学术、话语体系，更好地划分人与人、人与自然、人与社会的关系，并进行融合与超越，推动人的自由全面发展，进而推进必然王国向自由王国的演进速率。依据冯契和高清海的观点：人的本质是理性和非理性的统一，是由天性到德性、德性复归为天性的双向运动，是实现人生理想和人生价值的辩证统一，更是推动从必然王国走向自由王国的根本。可知，冯契和高清海特别重视人在认识过程中的作用。在他们看来，人的本质问题始终应该被视作人如何认识世界和认识自己，并改造世界和提升自我能力的过程是如何实现的问题，而不仅仅是从人的本质出发去寻求实现人生价值而忽视整体的个人理想。

进而言之，冯契、高清海人性理论的落脚点在人与人、人与世界的关系上，他们之所以要在马克思的基础上补充和创造人的本质理论，是为了突显个人在社会发展和历史进步中的作用的同时，又把握自身的价值，实现人生理想。冯契以知识和智慧的关系问题来打通名言和超名言之域的壁垒，高清海通过构建一种将不同的类别统合到一起形成一个大类而又与其他大类有所区分的“类”哲学体系，无一不是将人作为研究起点和终点，最终把哲学和哲学史相结合，把中国哲学、西方哲学、印度哲学相融合，形成世界范围内的百家争鸣。

总的来说，冯契、高清海关于人的本质的论述（理论）既继承于马克思的人本理论，又借鉴于中国传统哲学关于人生观问题的论述，可以说是综合中西的原创性观点。通过对冯契、高清海人本理论进行比较，我们可以发现，人的本质问题一直是中西方哲学界关注的重点问题。冯契和高清海关于人的本质的观点是对中国传统哲学的现代转型和马克思主义哲学中国化的进一步推动。进而言之，如何认识世界和认识自己，培养理想的人格，完成人类自我的双重超越，始终是哲学家们所关注的重要问题。诚然，冯契关于中国哲学在21世纪将参与到世界范围内的百家争鸣的论述以及高清海提倡中华民族未来需要创造自己的哲学理论的观点、叶秀山所指出的哲学的希望，无不在预示着中国哲学将走向世界，扮演更加重要的角色。但新时代如何推进中国特色哲学社会科学学术、学科、话语体系的构建，仍要不断回归到关于人的本质问题探讨这一原点上，既要“照着讲”“对着讲”也要“接着讲”，这是所有哲学工作者的历史使命和责任担当。

本章小结

在本章中，笔者以人性与未来哲学的发展为切入点，对冯契提出的“哲学的人性论”展开了进一步探讨；认为“哲学的人性论”的提出，进一步推动了中国马克思主义人性论的构建和发展。一方面，冯契人性论与“智慧说”的关联通过作为自为存在的个性的“自我”来体现，它将“哲学的人性论”和“智慧说”紧密相连，即如何在认识过程的辩证法中认识世界和认识自己，在辩证逻辑思维中反思自我，在“化理论为德性”中突破自我。另一方面，正是由于冯契将人性论纳入了广义认识论的范畴，人性的发展与人如何认识世界和认识自己才能够紧密相连。值得注意的是，冯契人性论与中国当代哲学的发展同样紧密相连。他以人性论为前提建立了世界哲学的视野，以人性论为基础参与了世界范围内的百家争鸣，以人性论为核心推动了世界哲学的发展。在此基础上，冯契对哲学的“未来”和未来的“哲学”作出了展望：哲学的“未来”在于中国哲学走向世界，未来的“哲学”将关注人的特殊实践活动——感性实践，并不断将特殊的知识类型通过特殊的实践活动来转化。

综上所述，冯契提出的“哲学的人性论”，始终坚持运用基于实践的认识过程的辩证法，并将它与逻辑思维过程的辩证法相结合，让“化理论为方法”“化理论为德性”相统一，从而实现人的自由全面发展。需要注意的是，冯契强调的是人在感性实践中的重要地位，他通过人性的自由发展来促进性与天道的交互作用，以期达到对形上智慧的追寻。那么，人作为精神主体理应能够运用人性能力来构造意义世界。这是冯契在其人性论中并没有继续深入探讨的一个方向，但却是完成价值哲学向文化哲学转向的重要一环。

第五章　冯契人性论的理论贡献与局限

冯契人性论是其“智慧说”哲学体系的重要组成部分，它推动了中国当代马克思主义人性论的发展。不仅如此，冯契始终将马克思主义人性论与中国传统人性论、西方近现代人性论相结合，以世界哲学的视野来引领中国当代人性论的发展。在笔者看来，冯契提出的“哲学的人性论”是以马、中、西人性论为基础的“广义”人性论，即对马、中、西人性论的融合创新；是沟通本体论、认识论、价值论、伦理学的津梁，构成了冯契广义人性论的本质与核心；与广义认识论存在内在一致性，即体现在人的本质、人的本质力量与智慧的关联等内容。冯契人性论的理论贡献体现在三个方面：以人性论为重要内容，构建了“智慧说”哲学体系；以人性与认识发展为路径，丰富和扩展了马克思主义认识论；以人性与理想人格培养为基点，丰富和扩充了马克思主义价值论。此外，冯契人性论因其开放性和未完成性也存在着一定的局限性。

一、冯契人性论的总体性解读

冯契将人的本质力量的生成、揭示及其发展视为其“哲学的人性论”的基点，通过性与天道的交互作用，追寻形上智慧与实践智慧。在这个过程中，他对人怎样认识世界和认识自己进行了理论分析和实践阐发，为理想人格与人性能力的培养提供了方法论的思考。对冯契人性论展开整体性分析和解读，是理解冯契人性论的重要方式之一。从整体上分析，冯契人性论是以马、中、西人性论为基础的融合创新，是沟通本体论、认识论、价值论、伦理学的津梁，与广义认识论存在内在一致性。通过这一总体性解读，可以为进一步对冯契人性论的理论贡献和局限进行反思和借鉴，提供了研究冯契人性论及中国马克思主义人性论的整体性思维和具体性路径。

（一）冯契人性论是以马、中、西人性论为基础的融合创新

冯契提出的“哲学的人性论”作为其广义认识论即“智慧说”的重要组成部分之一，承担着联结本体论与认识论、价值论，贯串本体论与认识论、价值论的重要作用。依据冯契的观点，“哲学的人性论”的核心在于揭示人的本质力量及其发展，即人的本质力量的揭示及其发展决定了人性论的发展。从价值论视域出发，我们可以作出这样一个论断：冯契的人性论是以马克思主义人性论为基础的“广义”人性论。也就是说，冯契提倡的“哲学的人性论”是以揭示人的本质力量及其发展为核心，以马、中、西人性论为基础的融合创新。

为什么说冯契的人性论是以马、中、西人性论为基础，对马、中、西人性论的融合创新呢？主要原因由以下四个方面构成。

第一，冯契的“智慧说”哲学体系具备马克思主义哲学的特质，同时借鉴和吸纳中国传统哲学“复性说”“成性说”等观点的合理性因素，将西方近现代本质主义和存在主义人性论与前面两者相结合。他始终保持心灵的自由思考，并坚持“沿着实践唯物主义辩证法的路子”前进，是在实践基础上强调认识世界和认识自己的交互作用过程。基于此，冯契提出的“哲学的人性论”在综合马克思主义人性论、中国传统人性论、西方近现代本质主义和存在主义人性论的基础上，进行了融合创新，在理论层面上完成了对传统人性论的继承性超越。值得注意的是，这种超越始终是以马克思主义人性论为核心，兼容中国传统人性论、西方近现代本质主义和存在主义人性论而达成的。无论是马克思主义人性论、中国传统人性论、西方本质主义和存在主义人性论，都强调对美好生活的需要和向往，都以真为价值前提，以真善美的统一为最终价值导向。也就是说，冯契的“哲学的人性论”的提出，本身就是一种对美好生活的善的向往。需要强调的是，冯契在其提出的“哲学的人性论”中，对真善美、知情意的统一作出了要求，即真善美、知情意的统一要符合人的感性实践的认识过程和实践唯物主义的辩证法。进而言之，真善美、知意情的统一，是在马克思实践思维方式上的综合统一。

一是冯契的“智慧说”哲学体系坚持了马克思主义哲学的立场、观点，真

正做到沿着实践唯物主义辩证法的路子前进。在他看来，哲学史是“根源于人类社会实践主要围绕着思维和存在的关系而展开的认识的辩证运动”[①]，“哲学是哲学史的总结，哲学史是哲学的展开”[②]。冯契把马克思主义哲学的基本精神与中国传统哲学的优秀成果结合起来，认为思维和存在的关系问题，可以概括为中国传统哲学所说的人与天、性与天道的问题。在人性论的相关问题上，冯契同样坚持了马克思主义哲学的立场、观点。如冯契从社会存在与社会意识的角度来解释人性善恶问题。在他看来，由于劳动是社会的，社会结合一定要有一种伦理关系、道德准则，所以人可以为善。但是，劳动的异化在一定历史形态中又不可避免，所以在人的社会本质之中确实是有产生恶的根源的。由此可知，人必须克服劳动的异化，坚守善的观念，追寻自由和真善美，这体现出冯契人性论的向善性。

二是“智慧说”始终坚持实践的观点。“实践”是人类认识实现由无知到知、由知识到智慧飞跃的中介和桥梁。冯契在论证感觉能够给予客观实在时，最主要的论据是将马克思主义哲学的实践观引入感性认识活动中。感性实践活动能够提供对象的实在感，这种实在感能够证实感性认识形式可以与感性认识内容达到一致。

在“智慧说”中，实践具有获取知识、获得智慧的功能。前者表现在：实践能够推动人的认识由感性的直观上升到知识经验、直到知识的真理；后者表现在：实践能够推动人的认识由知识的真理转化为对“性与天道”及整个宇宙人生的真理性认识。由此实践就成为联结知识和智慧的津梁。在价值论方面，“智慧说”深刻揭示了基于实践的认识的辩证法对于实现人的自由的意义。自由意识的形成、自由德性的造就，同样是冯契人性论中非常注重的一个方面。“价值的创造、自然的人化，就是人与自然的交互作用。这种交互作用以感性实践为桥梁，正是通过感性实践活动，道转化为人的德性，人的德性体现于

①冯契：《中国古代哲学的逻辑发展》，《冯契文集》（增订版）第4卷，上海：华东师范大学出版社，2016，第31页。

②冯契：《认识世界和认识自己》，《冯契文集》（增订版）第1卷，上海：华东师范大学出版社，2016，第352页。

道。”[③]由此可知，冯契人性论同样信奉“实践”的观点，具有马克思主义哲学特质。

三是马克思辩证法在“智慧说”中得到深刻体现。“智慧说”的核心主线是阐明基于实践的人类认识由无知到知、由知识到智慧的辩证运动。在此基础上，又通过逻辑思维过程的辩证法和思维形式的辩证法阐明辩证逻辑和形式逻辑的思维过程和结果。而在《人的自由和真善美》中，冯契又围绕认识过程、思维过程和思维形式的辩证法深刻探讨人如何将“自在之物”转化为“为我之物”的过程。在此过程中，人逐渐完成对自我的超越。对自我的认识和对自我的超越，不仅是广义认识论的重要方面，也是人的本质力量的揭示和发展的重要路径。由此可知，基于实践的认识过程的辩证法、思维过程的辩证法在认识自己和认识世界的过程中起到了非常重要的作用，而这一过程同样是人的天性如何转化为人的德性、如何培养自由人格的重要阶段。也就是说，冯契人性论同样坚持用马克思辩证法来对人的本质力量的揭示与发展、理想人格的培养展开探讨，具有马克思主义哲学特质。

第二，冯契提出的“哲学的人性论”是对马、中、西人性论的继承性超越，它遵守冯契提出的“超过且通过”的中西会通原则，是在马、中、西人性论基础上的会通、超越与融合。冯契不仅对中国传统人性论进行了创造性转化和创新性发展，而且将西方人性论和马克思主义人性论中既有的概念、范畴与中国传统人性论相结合，形成了融贯马、中、西，参与到世界哲学建构中的人性论思想。正是因为这样一种世界图式的形成，使得冯契的人性论具有世界性意义。

一是冯契对中国传统人性论进行了系统阐发，认为从孟子的性善论开始，中国的人性论就具有了一定的理论体系。在这个基础上，冯契将王夫之的“成性说”与先秦儒家提出的“复性说”相结合，形成了以“成性说”“复性说”为基础的、以“心”“性”为主体的“性情论”[④]。进而言之，冯契将“心”

③冯契：《认识世界和认识自己》，《冯契文集》（增订版）第1卷，上海：华东师范大学出版社，2016，第324–325页。

④冯契强调的是以“心”“性”为主体的人性论，李泽厚强调的是以“情”为主体的情本体论。两者都是对人性问题的一种观点和看法。笔者之所以将冯契的人性论理解为性情论，在于冯契将心和性作为主体来理解人之本性，同时又强调情感的满足。李泽厚的情本体论则主要继承于孔孟提出的性善论，但用情作为本体又不言善恶。

"性"作为主体，既注重以"心"统性情，又重视以"性"统心灵，这是对中国传统人性论的继承性创新。二是冯契将西方传统认识论问题由两问扩展为四问⑤，着重考察了中国传统哲学特别注重的逻辑思维如何把握具体真理、理想人格如何培养的问题，本身就体现出中西哲学的会通与融合。三是冯契借鉴康德的先验与后验、自在与自为、感性与知性、统觉等概念和范畴，对人怎样认识世界和认识自己、塑造理想人格、养成自由的德性等过程展开了具体而形象的论证，是西方近现代人性论与中国传统人性论相结合的典范。

第三，冯契的人性论是在本体论和认识论、价值论三者贯通的基础上，追寻知意情、真善美统一的"智慧"理论（形上智慧与实践智慧相统一）。冯契在"智慧说三篇"中对人性与自由、人性与理想、人性与智慧的关系问题展开过具体的讨论。如前文所述，冯契将人性与自由的关系诠释为：人性的发展就是自由的获得过程。将人性与理想的关系诠释为：理想的实现就是人性的发展。将人性与智慧的关系诠释为：智慧就是人性在发展过程中获得的真理性认识——能够促进人对性与天道的把握。质言之，人性的自由发展作为一种形上智慧的形态，既涉及对认识论的运用，又体现出对价值论的本质追求，同时也离不开本体论或存在论的基础。由此可知，冯契提出的"哲学的人性论"，作为认识论的依据和价值论的原则，理应是贯通本体论、认识论、价值论、伦理学的重要介质和基点。在这一论断成立的前提下，我们可以断定冯契提出的"哲学的人性论"是以马、中、西人性论为基础的融合创新。

第四，冯契提倡的"哲学的人性论"不仅对人性的概念、范畴作出了阐明，而且对人性自由发展的方法、方向和人性的合理的道德规范基础作出了诠释，是以马克思主义人性论为基础的中国化马克思主义人性论思想。其一，冯契批判和吸收了马克思关于人的本质理论、劳动异化理论、人的需要理论，并作出了补充和扩展。他将人的本质理解为天性与德性、理性与非理性、个性与共性的辩证统一，将人的本质力量发展与文化的发展紧密结合，运用认识过程的辩证法、逻辑思维过程的辩证法进一步加深了人对自己的认识和探索。其二，冯契将马克思主义人性论与中国传统人性论和西方近现代人性论中的合理

⑤冯契广义认识论的四个问题为：感觉能否给予客观实在、普遍科学性知识何以可能、逻辑思维能否把握具体真理、理想人格（自由人格）如何培养。

性因素相结合，继承和发展了传统人性论，在理论层面上实现了马、中、西人性论的会通、超越与融合。从这一方面来讲，冯契的人性论理应是以马、中、西人性论为基础的融合创新。

此外，冯契的人性论将本体论、认识论、价值论、伦理学相贯通，运用价值哲学来评价人性的发展，将人的本质力量对象化、形象化，把人的自然化和自然的人化相统一视为自由的德性获得的路径，实现了真善美、知情意的统一。从这一方面来讲，冯契的人性论打破了已有人性论拘囿于本体论、伦理学的时代困境。在笔者看来，对人性论的研究不应只探讨人性论的对象、人性论的道德遵循，还应探讨如何揭示人的本质力量、如何促进人的本质力量发展等问题。冯契的人性论通过论述人性与自由、人性与理想的关系，基于实践的认识过程的辩证法、逻辑思维过程的辩证法，将人性的对象、人性的发展等问题与人的本质力量紧密相连，提供了一条研究人性论的新路径。

综上可知，冯契的人性论体现了马克思主义哲学的特质，融合了中国传统人性论和西方近现代本质主义、存在主义人性论的合理性因素，是对马、中、西人性论的批判性继承和超越。冯契始终以价值哲学视域中的“真、善、美”作为人性论的评价指标和价值规范，其人性论理应是以马、中、西人性论为基础的融合创新。

（二）冯契人性论是沟通本体论、认识论、价值论、伦理学的津梁

冯契“智慧说”哲学体系由哲学元理论和哲学史两部分构成，是中国当代具有哲学原创性的经典体系。它借助“哲学的人性论”和广义认识论，贯通了本体论、认识论、价值论和伦理学。

首先，冯契提出的“哲学的人性论”的核心是如何完成人对自己和世界的认识，是为了给“本体论以认识论的依据”，进而阐明“认识论是本体论的导论”。

“智慧说”哲学体系的核心观念、核心方法就是“转识成智”，即如何将知识转化为智慧，又如何从智慧中汲取更多的知识，完成两者的相互转化。“转识成智”的过程也体现出人性能力。在冯契看来，人性与智慧紧密联系，人性的发展是获得真理性的认识即智慧的基础。也就是说，“转识成智”的过程中

处处蕴含着人的本质力量的揭示和发展，同时体现出人性的发展和自由德性的养成。

进而言之，在笔者看来，冯契构建的“智慧说”哲学体系的基础性存在不是认识论而是本体论。他虽然将认识论视作本体论的导论，却不想建立本体论的体系。这与冯契提出的以本体论作为认识论的体系基点的观点虽然在表达方式和呈现形式上有所不同，但都是为了突出本体论作为基础性研究内容的存在和认识论作为核心要义的体现。值得注意的是，两者之间存在着一定的差异。我们从整体上来分析，不难发现冯契构建的“智慧说”哲学体系，由作为哲学元理论的广义认识论与作为哲学史“两种”的《中国古代哲学的逻辑发展》和《中国近代哲学的革命历程》组成。这使得“智慧说”呈现出哲学元理论与哲学史的相互交融。而“哲学的人性论”作为“智慧说”哲学体系的一部分，自然呈现出哲学元理论与哲学史的相互呼应。一方面，冯契提出的“哲学的人性论”对人怎样认识世界和认识自己制定了价值准则和实践方法，是对马克思主义实践观点的创造性补充；另一方面，冯契提出的“哲学的人性论”是在马克思主义哲学发展历程中呈现的“自我意识、个人、人格、每一个人、现实的人”和中国哲学发展过程中显现的“性善论、复性说、成性说”等不同观点下发展起来的，是对中西哲学史上关于“人和人性”观点的整体性继承和超越式发展。这种哲学元理论与哲学史的相互交融，内在地呈现出本体论与认识论的相互统一。

其次，冯契在其“智慧说”哲学体系中构建了以揭示人的本质力量为核心的“哲学的人性论”，并以它为基础，将本体论与认识论相联结，进而沟通价值论。

一是冯契将认识世界和认识自己的认识过程的辩证法视为其哲学体系的基点，并以认识论为导论构造广义人性论，进而创造性地提出基于实践的辩证逻辑方法论，构建出以“类”“故”“理”为骨架的逻辑体系。与此同时，他尝试将本体论、认识论、价值论相互贯通，实现人的自由和真善美，达到知、情、意和真、善、美的统一。在这个过程中，冯契通过对人作为精神主体的认识实践活动过程中出现的如感觉、自在之物、为我之物、自然界等概念和范畴进行综合和分析，将本体论与认识论相沟通，通过阐明人在认识实践过程中对自我的评价能力和评价准则，进而联结价值论。

二是冯契提出了本然界、事实界、可能界、价值界等范畴。他将人作为精神主体的感性实践活动用认识过程的辩证法进行诠释，指出人的认识活动包括评价，并阐明了评价具有的价值手段和功能。在冯契看来，当人们以得自现实之道还治现实时，把事实界化为价值界，这同时是性与天道的交互作用、人与自然的交互作用。这一过程既使现实成为对人有价值的，也使人的价值不断提高。人主宰着价值的领域，在此领域中，人越来越成为自由的人。进而言之，通过事实界转化而来的价值界，由作为精神主体的人所主宰，体现出自我的要求、自我的本质力量。基于此，冯契人性论通过广义的认识论将具有自由的个性的本体论意义与体现出人的本质力量的价值界具有的价值论意义相沟通，实现了本体论、认识论、价值论的贯通。

三是冯契将辩证逻辑方法论作为研究中国古代哲学史和中国近代哲学史的重要手段之一，将马克思辩证法与中国哲学史的发展脉络相结合，用分析与综合相统一、历史与逻辑相一致的方法，对中国古代哲学的演进过程、中国近代哲学的革命历程展开了逻辑梳理。在梳理和反思的过程中，冯契注重以观念史的形式对哲学史的发展、演变历程展开分析。强调各种观念在哲学史、思想史相互碰撞下的发展状态，将逻辑思维过程的辩证法与“化理论为方法、化理论为德性”联系起来，探讨中国哲学史发展过程中的观念的更迭和历史的新陈代谢。近代哲学革命的历史就是一部观念史，冯契将观念的更迭与哲学革命的开展紧密结合，并借助人的本质力量的揭示与人性的发展来探索大同理想如何实现的问题，在广义认识论视域下实现了本体论与认识论、价值论的相互贯通。

四是冯契将认识过程的辩证法与理想人格的培养紧密结合。一方面，如前文所述，理想人格的培养的前提之一是获得自由的个性和德性之知（智）。只有养成自由的德性，才能获得德性的自由。冯契指出，认识过程的辩证法，通过人作为精神主体的感性认识活动，逐渐使人的精神由自发到自觉，进而能够逐步将“自在之物”转化成“为我之物”。理想人格的培养亦是如此。另一方面，基于实践的认识过程的辩证法，强调的是人作为精神主体如何在认识世界和认识自己的感性实践中运用和发展自身的本质力量来改造世界和改造自我。由此可知，冯契将认识过程的辩证法中认识活动的过程性与理想人格培养要求的人的本质力量的对象性相结合，在广义认识论视域下实现了认识论与价值论的贯通。

最后，冯契人性论是沟通本体论、认识论、价值论、伦理学的津梁。一方面，冯契对人性是什么、如何认识人性、怎样推动人性的认识与发展等问题展开了探索，运用认识论、本体论、价值论相统一的路径解决了中国传统哲学重视自觉原则而忽略自愿原则的伦理价值困境。另一方面，冯契关于人性、人的本质、人的本质力量的探讨，始终是将本体论、认识论、价值论、伦理学相联系的。在他看来，人的感性对象性活动的产物通过“为我之物”展现出来，而“为我之物”作为知意情、真善美的辩证统一体，是人作为精神主体通过感性实践活动获得的关于人性与理想、人性与自由的产物，自然沟通了本体论、认识论、价值论和伦理学。

（三）冯契人性论与广义认识论存在内在一致性

冯契通过阐明由无知到知、知识到智慧的认识运动过程，力图解决知识与智慧的脱节、科学与人生的脱离、名言之域与超名言之域的隔阂等问题，为性与天道的统一、形上智慧与实践智慧的结合作出了重要贡献。在这个过程中，冯契始终以“哲学的人性论”作为本体论的本质核心来证明认识论是本体论的导论。他提出的“哲学的人性论”，在认识方法与实践路径上打破了先验与后验、先行与后行的特定逻辑关系，对传统的主客二分、主客对立的思维范式进行了批判，尝试用认识过程的辩证法来诠释人作为精神主体的感性实践过程。进而言之，冯契提出的“哲学的人性论”是在本体论和认识论相统一视域下的“广义”人性论。它不仅探讨了名言之域中概念、范畴等内容，也追寻了超名言之域内的第一哲学（哲学第一性）等问题。也就是说，冯契提出的“哲学的人性论”，既展现出对形上智慧的追问，又彰显出对实践智慧的关注与重视。由此可知，冯契的人性论思想，在广义认识论视域下为沟通形上智慧与实践智慧奠定了理论基础和可行性。换言之，冯契人性论与广义认识论存在内在一致性。这种内在一致性通过人的本质力量的揭示与发展、本体论与认识论的统一、认识过程的辩证法与“化理论为德性”的统一来显现。

首先，冯契提出的“哲学的人性论”，把人的本质力量的揭示和发展作为本质核心，这一直是哲学元理论和哲学史发展过程中共同关注的重要主题。它内在地呈现出人是什么、何以成人、怎样揭示人的本质力量、如何培养理想人格、人作为精神主体如何实现自发到自觉和自在到自为等一系列关于人的存在和人的自由发展的重要问题。冯契在继承中国传统人性论、马克思主义人性论、西方近现代本质主义和存在主义人性论的基础上，将人性论的研究视域由本体论、认识论扩展到价值论和文化哲学的层面，彰显了哲学理论创新的综合性和原创性。进而言之，冯契将人的本质力量的揭示与发展视为认识自己和认识世界的重要路径之一，人性论自然与广义认识论存在内在一致性。

其次，冯契“智慧说”哲学体系的核心要义就在于怎样认识世界和认识自己，人的感性实践活动成为颇受关注的对象性活动之一。冯契通过辩证逻辑思维，对人作为精神主体如何将自在性转化成自为性、逐渐由自发到自觉的过程用“故”范畴和“以得自现实之道还治现实之身”的手段展现出来，形成了认识过程的辩证法。在此基础上，冯契始终将性与天道的作用与智慧的获得相融合，把人性与天道的相互作用视为世界物质统一原理和发展原理的辩证统一，在推动了人的本质力量的发展的同时也提升了人的认识能力，内在地展现出本体论与认识论的统一。而这也是冯契广义认识论中阐明提升人的认识能力的重要方法之一。由此可知，冯契人性论与广义认识论存在内在一致性。

再次，冯契广义认识论作为其“智慧说”哲学体系中的哲学元理论部分，本身就是将形上智慧与实践智慧相结合，运用“转识成智”方法来打破名言之域和非名言之域的隔阂、解决科学主义和人文主义对峙问题的重要路径和方法论基础。在这个过程中，冯契人性论作为“本体论与认识论相统一”的部分，自然承接了由认识论向本体论的转换功能。根据冯契的观点，认识论作为本体论的导论，本体论通过认识论而展开。正是基于这种辩证关系，冯契人性论与广义认识论存在内在一致性。

最后，冯契的广义认识论的构建，始终将认识论视为本体论的导论，将本体论视为认识论的依据，本体论是广义认识论的重要组成部分。冯契人性论呈现为认识论的外在形态和本体论的内在本质的统一，因此与广义认识论存在内在一致性。一是冯契对人性论的研究通过认识过程的辩证法、辩证逻辑思维的统一来展开，体现了“化理论为方法”“化理论为德性”两者之间的贯通。二是冯契将“哲学的人性论”视为人的本质力量得到揭示、发展和人性能力得到培养与提升的重要思想。他将人的本质力量的揭示、发展和真理性认识的获得联系起来，同时把本体论作为认识论的依据来对真理、实践、智慧等认识论问题展开探讨。而这些问题也恰恰是冯契人性论中探讨的重要内容。由此可知，冯契人性论与广义认识论存在的内在一致性通过本体论与认识论的统一的哲学进路来展现。

此外，在冯契看来，中国传统人性论主要以本体论作为基础，通过对人的本质属性（自然属性）进行深入的探讨与分析，再由此来考察人的社会属性，也即呈现出由本然向自然、个人向社会、历史向现实的一条演进路径。西方本质主义人性论和存在主义人性论同样以本体论或存在论作为基础，但它们考察的不再是人的单一本质属性，而是以人的自然属性为基础，进一步思考人为何存在，即这种存在究竟有何意义，人的本质究竟是什么。诚然，冯契在价值领域内认可西方存在主义人性论，但他将本质主义和存在主义进行比较、分析，认为本质主义过于强调人是由什么构成的、人是如何由原始社会进化而来，而忽视了人为什么而存在，即人类存在的意义是什么，我们该如何体现人的生命价值。基于此，冯契对存在主义持肯定态度，并对人存在的价值展开了探讨，形成了平民化的自由人格理论。

二、冯契人性论的理论贡献

冯契人性论是“智慧说”即广义认识论的重要组成部分，基于认识世界和认识自己的感性对象性活动，来改造世界和改变自我。通过对冯契人性论的内在逻辑和发展路径进行论述、分析，可以进一步总结和概述冯契人性论的理论贡献。冯契人性论的理论贡献体现在三个方面：以人性论为重要内容，构建了“智慧说”哲学体系；以人性与认识的发展为路径，丰富和扩充了马克思主义认识论；以人性与理想人格培养为基点，丰富和扩充了马克思主义价值论。

（一）以人性论为重要内容，构建了“智慧说”哲学体系

冯契有感于“古今、中西”之争的时代问题，立志解决科学与人生的脱节、知识与智慧的分离，构建了具有时代性、民族性、世界性的“智慧说”哲

学体系。“智慧说”哲学体系的形成，标志着中国化马克思主义哲学的进一步发展与成熟，逐渐形成具有民族特色和民族品格的“中国当代哲学”理论构建方向，为中国当代哲学的发展提供了理论借鉴、研究范式和研究路径。

冯契的“智慧说”哲学体系，由“智慧说三篇”和“哲学史”两种构成，是从哲学与哲学史的关系即“思”“史”之合的角度来阐释和诠释西方近代认识论的四问，实现由无知到知、知识到智慧的双重飞跃。在这个体系里，本体论被冯契视为认识论的依据，其中又以人性论为主要内容。同时，冯契强调本体论与认识论的统一，认为两者互为前提，但前者以后者为出发点，是本体论的导论。换言之，冯契的“哲学的人性论”在构成其本体论的核心的同时，也成为构建“智慧说”哲学体系的基础和重要内容之一。

首先，冯契提倡和想要构建的人性论是“哲学的人性论”，既探讨由概念、范畴所构成的名言之域，又探寻人的理想、自由等超名言之域，对天人之辩、言意之辩、得与达的关系展开了阐述和讨论。

在《认识世界和认识自己》中，冯契对心性关系、性情关系展开了探讨。认为心性与天道紧密相连，性与天道的相互作用能够获得智慧。在《逻辑思维的辩证法》中，冯契将辩证逻辑方法论视为认识论、辩证法、逻辑学三者的统一，对自发到自觉的逻辑思维过程展开了分析。他认为自发到自觉的过程就是人作为精神主体不断将“自在之物”转化成“为我之物”的过程，并将此视为感性实践过程。基于此，冯契构建了“类”“故”“理”的逻辑范畴体系，运用“故”范畴来诠释人在认识世界和认识自己过程中的实践活动的特点，有目的地改变自然。在他看来，“实践活动是在意识指导下进行的活动，人类活动的根据，它的所以然之故与自然运动的根本差别，在于人类活动是有目的的”[⑥]。在《人的自由与真善美》中，冯契提出了“哲学的人性论”，将人的本质力量得到揭示和发展的过程视为“哲学的人性论”的本质核心。在此基础上，他对理想人格如何培养的问题展开了探讨、对人性与人格的关系问题进行了深化和阐发，推动了人性论在本体论意义上对伦理学和价值哲学的融合。

综上可知，冯契提出的“哲学的人性论”，不仅将本体论视为其重要组成

⑥冯契：《认识世界和认识自己》，《冯契文集》（增订版）第1卷，上海：华东师范大学出版社，2016，第313页。

部分，而且融合认识论、价值论的内容，将伦理道德规范与人的感性认识实践活动紧密相连，将认识过程的辩证法与逻辑过程的辩证法相融合，形成了“化理论为方法、化理论为德性”的重要命题，探讨了性与天道的相互作用，呈现出形上智慧与实践智慧相结合的雏形。而这正是“智慧说”哲学体系的核心本质。从这个意义上讲，冯契人性论的理论贡献正在于以人性论为重要内容构建了“智慧说”哲学体系。

其次，冯契提出的“哲学的人性论”，是一种“广义”人性论，本身就存在着认识论、本体论、价值论三者的相互统一。由此可知，冯契广义认识论的构建在具有原创性的同时也必然会呈现出开放性和未完成性。这种开放性和未完成性，正是冯契哲学中需要思考的重要的方面。在笔者看来，冯契提出的“哲学的人性论”，与广义认识论存在内在一致性，同时也体现出了开放性、批判性和未完成性。这种开放性、批判性和未完成性使得冯契的“智慧说”哲学体系与人性论存在一定的内在关联，并展现出马克思主义哲学的性质。如同对近代观念的转换一般。近代观念要求科学地改变世界、发展自我，新儒家、东方神秘主义绝非哲学的发展方向。但中国传统的智慧，用联系、整体的观点看问题，讲天与人的交互作用、存在和本质的统一，这样的思维方式对哲学的进一步发展会起作用。我们可以在唯物辩证法的基础上吸取实证论、非理性主义的合理因素，用中国传统哲学观念与之相结合，在近代观念的基础上创造出适用于中国当代发展的具有先进性的哲学观念。由此可知，冯契人性论是“智慧说”哲学体系的重要内容之一。

再次，冯契提出的“哲学的人性论”，是“转识成智”方法和“化理论为方法、化理论为德性”理论的重要载体。基于此，他通过对人性如何自由等问题展开探索，将中国传统哲学中关于理想人格如何培养和逻辑思维能否把握具体真理的内容融入西方近现代认识论形成了广义认识论，发展了马克思主义认识论和实践观点，促进了马克思主义哲学与中西哲学的对话和交汇，使中国哲学得以走向世界，形成中西互动、中西融合发展的新格局。从这一方面来讲，冯契“智慧说”哲学体系的构建是以其人性论作为重要内容的。

最后，冯契提出的广义认识论与“哲学的人性论”（“广义”人性论）存在一种线性关系，“广义”人性论在一定基础上是广义认识论的终极智慧形态，而“广义”人性论既赋予广义认识论以本体论的依据，同时又是广义认识论的导论。基于此，广义认识论的建构与“广义”人性论的形成，具有过程性和一致性。

一方面，冯契在广义认识论中强调情感与理智的综合，不能脱离情感而谈理智，研究认识论需要对人的情感有深入的理解。而这种情感与理智的综合就是冯契广义人性论中重视的性与天道的相互作用。具体体现在人的感性认识实践过程。人通过感觉器官对客观实在进行感知，运用人作为精神主体的力量将自然界中的现存之物（此在）转化为人能够认识的存在之物（存在），并对这种认识过程进行评价和分析。进而言之，人通过感性认识实践活动，逐步认识自己和认识世界。在这个基础上，人类逐渐脱离对人和物的依赖，追求自我的理想和自由。在冯契看来，这一过程使得人的天性得到培养，逐步转化为人的德性，进而使人的社会性得以发展，推动社会进步和历史发展。

另一方面，冯契在广义认识论中将认识论视为本体论的导论，通过本体论的实践转向来阐述认识论的发展。在冯契看来，现代本体论不同于古典本体论。现代本体论不是抽象的本体论，而是具体的本体论；用新的哲学术语来表示，就可以称为存在论。但他并不用存在论来表明现代本体论，而是继续沿用本体论一词，只是认为这一本体论与古典本体论存在差别。在人性论中，本体论不局限于抽象本体论，而包含具体本体论。以作为认识论的依据的现代本体论作为重要载体，冯契的人性论自然是构建“智慧说”哲学体系的重要内容。

（二）以人性与认识发展为路径，丰富和扩充了马克思主义认识论

冯契提出的广义认识论，被视为后马克思主义知识论[⑦]。有学者指出，“智慧说”把对象世界分为相互联系、相互制约的本然界、事实界、可能界、价值界，认为认识世界就是要了解人类在实践的基础上如何化本然界为事实界、可能界，进而达到价值界。在这方面，“智慧说”既坚持了实践的观点，又为人们如何认识世界提供了全新的思路，丰富了马克思主义的认识论[⑧]。在笔者看

⑦罗亚娜、史丹荔、黄惠美、郁振华：《冯契的后马克思主义知识论》，《华东师范大学学报（哲学社会科学版）》，2016年第3期，第59-69页。

⑧王向清、李伏清：《冯契“智慧”说探析》，北京：人民出版社，2012，第109页。

来，冯契不仅在怎样认识世界和认识自己的感性对象性活动中丰富和扩充了马克思主义认识论，而且在逻辑思维过程的辩证法中扩展了马克思主义认识论的范畴体系。进而言之，有学者指出，冯契对马克思主义认识论的丰富和扩充包括四个方面的内容：一是扩展了马克思主义认识论研究领域；二是夯实了唯物主义实践基础；三是丰富了马克思主义真理观；四是充实了马克思主义认识论范畴体系⑨。

由上述可知，冯契的广义认识论的提出，本身就是对马克思主义认识论的丰富和发展。而人性论与广义认识论存在内在一致性，自然也体现出对马克思主义认识论的进一步发展。换言之，冯契“智慧说”哲学体系中的人性论，也涉及人性与认识的发展问题。在笔者看来，它以人性与认识的发展为路径，丰富和扩充了马克思主义认识论。

首先，冯契将狭义认识论扩展为广义认识论，将“两问”扩展为“四问”，指出认识不局限于经验，关注重点应是如何把握性与天道，即追求智慧。他认为，前两个问题是经验知识，但后两个问题是智慧。在此基础上，冯契进一步指出，智慧与人性的自由发展密切相关，通过性与天道的相互作用而展现。在由知识转化为智慧的过程中，经历了理性的直觉、辩证的综合、德性的自证三个环节。他通过对认识论的四个问题的全面解答来阐明认识过程的辩证法，即认识从无知发展到知、从知识发展到智慧的辩证运动。在这个过程中，冯契对人性的认识和人性的发展的考察，成为其广义认识论的重要组成部分。具体而言，就是通过对人性的认识和人性的发展的考察，我们可以将认识论与本体论、价值论、伦理学紧密相连。从这个方面来讲，冯契的认识论不仅是研究经验知识的理论，而且是研究人性论的重要方法，这使得认识论的研究领域逐步扩大。

其次，冯契提倡的“哲学的人性论”重视对哲学基本问题的阐释和研究，并在实践的基础上对唯物主义理论进行阐发，将实践视为唯物主义理论大厦的基石。基于此，冯契在人性论体系中将人的自由分为两个部分进行阐释，一部分是群体的价值体系，另一部分是个人的自由意识，二者通过实践这一基础得以统一，这使得在人的自由问题上，实践具有了本体论地位。实践作为马克思认识论的重要范畴，在冯契人性论中却具有本体论的地位，体现出冯契对马克

⑨刘明诗：《冯契与马克思主义哲学中国化》，北京：人民出版社，2014，第254-256页。

思认识论研究视域的丰富和扩充。

再次，冯契提出的“哲学的人性论”，不是一种既成论，而是一种生成论。他将人性的发展过程与真理的产生、真理的获得过程紧密相连，扩展了马克思主义真理观。解决真理的产生、真理的获得、真理的评价标准等问题是马克思主义认识论的重要方面。冯契在广义认识论中用“天下同归而殊途，一致而百虑”的认识运动方法，对真理的获得、真理的产生、真理的评价标准展开了探讨。他的真理观与马克思主义真理观具有一致性，认为真理的获得、产生具有过程性。而真理性认识又与人性的自由发展存在相通性，人性的自由发展被冯契诠释为人通过认识实践活动获得真理性认识——智慧的过程。基于此，冯契的人性论在思维范式上对马克思主义真理观进行了丰富和发展，以人性与认识的发展为路径，丰富了马克思主义认识论。

最后，冯契提出的“哲学的人性论”，丰富了马克思主义认识论的范畴体系。冯契人性论将逻辑思维过程的辩证法、认识过程的辩证法相结合，运用辩证逻辑思维来阐明人的自由和理想问题。其一，自由、理想都具有过程性，是真理性认识的体现。而真理性认识的获得，就是将逻辑思维过程的辩证法融入认识过程的辩证法，通过性与天道的相互作用获得智慧。两者的融合展现出更为多样的实践方式，丰富了马克思主义认识论的逻辑方法。其二，在冯契看来，自由、理想都具有本体论和价值论意义。他以认识论为依据来诠释具有本体论和价值论意义的自由和理想范畴，是对马克思主义认识论的继承性超越。其三，自由和理想之间存在一定的张力，理想的实现意味着自由的获得。冯契通过对自由与理想之间的辩证关系展开探讨，给自由赋予更为完整的哲学意义，扩大了马克思主义认识论的研究领域。其四，冯契对西方哲学和马克思哲学中的相关范畴、概念进行了新的提炼和阐释，如“感觉”“疑问”“意见”“观点”等。这大大丰富了马克思主义认识论的范畴。

总之，冯契的哲学是“以认识论为中心，将认识论贯穿于方法论、价值论之中。如果单从这个模式的认识论特征来看，他基本上是照着马克思主义来讲的。那么，从他对认识论的范围的扩大这一点而言，又可以认为，他是在接着马克思主义讲的。冯契理解的认识论已经超越了这一名称的传统含义”[10]。而以

---

⑩方旭东：《“前现代”的中国哲学史书写：以冯契为例》，《哲学研究》，1999年第7期，第23-28页。

人性论为核心，通过认识论来对本体论展开进一步的探索，将本体论、认识论、价值论、伦理学相互贯通，则是冯契“智慧说”哲学体系中最富有原创性的部分。

（三）以人性与理想人格培养为基点，丰富和扩充了马克思主义价值论

冯契将理想与真理性认识、自由的获得视为统一的发展过程，认为理想与真理性认识、自由的获得具有过程性。基于此，他认为理想人格的培养与人性的发展紧密相连。人如何实现理想，也就是人性得到发展，人获得自由、体现价值的过程。马克思主义价值论以人的自由全面发展为基点，注重的是人如何通过自由的劳动来获得对自我的认知和评价，彰显自我价值的过程。两者之间具有一定的相同之处，同时也存在着一定的区别。冯契的人性论以人性与理想人格为基点，丰富和扩充了马克思主义价值论，具体体现在以下四点。

其一，冯契提出的“哲学的人性论”，始终将理想、理想人格及其培养视为自由、平民化自由人格及其培养的载体和具体形态。他认为自由就是化理想为现实的活动，平民化自由人格是基于社会发展现状的一种理想人格。理想人格的培养应该使平民化自由人格得到实现和发展。一方面，冯契将理想和自由视作互为前提的两个范畴，使得理想和自由通过感性对象性活动而产生紧密关联；另一方面，冯契将理想人格的培养视为平民化自由人格的形成过程，将平民化自由人格视为理想人格的载体，深化了理想人格和自由人格的辩证统一关系。这在概念表达上丰富了马克思主义价值论的研究范畴。

其二，冯契提出的“哲学的人性论”，始终将人的自由的个性和德性的自由视为理想人格培养的理论基点和价值导向。在他看来，自由的个性具有本体论的意义，而这种本体论的意义始终与合理的价值体系相关联，即自由的个性的养成需要理想、信念和德性相结合，这种自由的个性具有独特的一贯性、坚定性。坚守唯物史观的学者认为形质神用、存在决定意识的观点始终是正确的。基于此，冯契认为，自由的个性和德性的自由的养成，需要人作为精神主体来完成对感性的超越（超越实存）。但在价值界，精神有独特的一贯性、坚定性，它要求成为自由的个性，并主宰这个领域。因此，真正的自由是个性的。自由的个性通过评价、创作彰显其价值，在这里，正是精神为体、价值为用，所以我们说自由的个性具有本体论意义。冯契把具有本体论意义的自由的个

性用价值论的方式表达出来，这在理论层面上扩充了马克思主义价值论的研究视域。

其三，冯契提出的“哲学的人性论”，始终将人的本质力量的揭示和发展同人性与自由、人性与理想、人性与智慧的关系相联系，推动了人作为精神主体和实践主体的认识能力和评价能力。评价能力是价值论视域内衡量个体是否具有价值的重要指标，冯契将感性实践过程与人的评价能力相结合，自然彰显出人在认识世界和认识自己的过程中作为精神主体由自发到自觉、自在到自为的价值与作用。此外，人的评价能力还与人的本质力量密切相关。人作为自然存在物，只有经过认识实践过程，不断揭示其本质力量，才能养成自由的德性，实现人生理想和社会理想。冯契将本体论、认识论、价值论与伦理学相贯通，丰富和扩展了马克思主义价值论的思维范式。

其四，冯契提出的“平民化自由人格”“理想是真善美、知情意的辩证统一”等观点，丰富和扩展了马克思主义价值论的研究视野和研究范围。一方面，“平民化自由人格”与中国传统的“圣贤人格”相对立；另一方面，“平民化自由人格”作为理想人格的一种，对其展开研究就需要将理想与自由联系起来。如前文所述，理想和自由之间存在着辩证统一的关系：自由是化理想为现实，理想是自由的实现。自由人格作为理想人格的载体，既是理想的承担者，又是理想的实现者。由此可知，冯契以人性与理想人格培养为基点，赋予了自由以本体论和价值论的双重意义，是对马克思主义自由观的创造性继承，丰富和扩充了马克思主义价值论的研究视域。

综上所述，冯契提出的“哲学的人性论”，推动了“智慧说”哲学体系的构建，丰富和扩充了马克思主义认识论和价值论的研究视域和研究方向，为当代中国马克思主义人性论知识体系的构建提供了思维范式和理论借鉴，是推动构建当代中国马克思主义哲学知识体系的重要基础。

三、冯契人性论中存在的表面局限性及其辨析

正确认识和评价冯契人性论的局限性，是本书的难点之一。本书通过对冯契人性论中的主要概念界定、内在逻辑展开论述，对冯契人性论的主要观点展开辨析、冯契人性论的理论贡献进行总结，来反思冯契人性论中存在的局限

性。认识和意识到冯契人性论的局限性，是进一步对其人性论展开分析和探讨的重要基础。冯契人性论中存在的表面局限性体现在两个方面：一是呈现出重复性，二是呈现出未完成性。这种表面局限性虽然给我们理解冯契人性论造成了一定的困难，但冯契之所以在不同视域、不同领域下探讨人性论问题，是为了构建以"史""思"之合为导向的"智慧说"哲学体系，体现出了"微言大义"。因此，我们要对冯契人性论中存在的表面局限性展开辨析，即正确认识这种局限性，并分析这种局限性中蕴含的价值及其想要表达的真实意图。

（一）重复性及其辨析

冯契提出的"哲学的人性论"，虽然在理论层面上完成了对马克思主义人性论的部分超越，为"中国当代哲学"理论建构提供了思维范式和理论借鉴。但他对人性、人的本质、人的本质力量、自发和自觉、自在和自为等概念、范畴的阐述，在《认识世界和认识自己》《逻辑思维的辩证法》《人的自由和真善美》中均有涉及，且对同一概念、范畴进行了多次阐发，呈现出重复性。

其一，冯契提出的"哲学的人性论"，对人性、人的本性和本质、人格等概念和范畴进行了界定和阐发，从本体论、认识论、价值论等不同视域进行了分析，在必然造成对相同概念、范畴有不同的解读的情况下，呈现出重复性；同时又由于这种重复性，难以准确地理解冯契的本意。冯契对人性、人的本质、人的本质力量等概念和范畴的阐述，都存在这一问题。一方面，他既将人性理解为由"天性发展为德性的过程"[⑪]，又认为"人性由天性和德性构成"[⑫]，这就造成了理解上的困难。另一方面，冯契将人的本质理解为"从天性中培养成的德性"[⑬]，又认为人的本质是"天性和德性、理性和非理性、个

⑪冯契：《认识世界和认识自己》，《冯契文集》（增订版）第1卷，上海：华东师范大学出版社，2016，第313页。

⑫冯契：《逻辑思维的辩证法》，《冯契文集》（增订版）第2卷，上海：华东师范大学出版社，2016，第142页。

⑬冯契：《人的自由和真善美》，《冯契文集》（增订版）第3卷，上海：华东师范大学出版社，2016，第32页。

性和共性的辩证统一”[14]，而人性在《逻辑思维的辩证法》中被冯契诠释为“理性和非理性的统一”[15]，这就造成人性、人的本质两个概念、范畴之间存在着交叉，产生形式和内容上的重复。我们要正确看待这种表面局限性。冯契之所以在不同的章节中采用了不同的论述方式对同一概念和范畴进行界定，是为了能够从本体论、认识论等不同的视域来对人性论进行阐明。这种表面局限性虽然给我们理解冯契的人性论造成了一定的困难，但符合冯契提出的以“认识论作为本体论的导论”“本体论是认识论的依据”的“智慧说”构建路径。换言之，这种表面局限性的积极意义就在于能够为冯契构建“智慧说”哲学体系从不同的视域提供理论论证。

其二，冯契提出的“哲学的人性论”，在对中国传统人性论史的梳理上也存在重复性。在《认识世界和认识自己》中，他从心灵与人性的视角入手，对中国哲学史上的心性论进行了梳理和总结，认为心性论的发展可以分为先秦时期的人性善恶之争与复性、成性之辩，汉魏到隋唐时期的性自然说与性觉说，宋明到清代的性即理说、心即理说与性日生日成说，近代心性论随历史观而演变发展的四个部分。冯契以王夫之提出的“习成而性与成”[16]的观点来解释人性的不断发展过程，认同王夫之将成性看作人与自然的交互作用的过程的观点。“色声味之授我也以道，吾之受之也以性。吾授声色味也以性，色声味之受我也各以其道。”[17]由此可知，通过色味进行授受的感性活动，我与自然、性与天道进行交互作用，客观现实的色声味等感性性质给予我以“道”（客观规律和当然之则），我接受了道而使性“日生日成”；我通过感性活动而使性得以显现，从而使客观事物运用其“道”而使人的性对象化[18]。在《人的自由和真

---

⑭冯契：《人的自由和真善美》，《冯契文集》（增订版）第3卷，上海：华东师范大学出版社，2016，第313页。

⑮冯契：《逻辑思维的辩证法》，《冯契文集》（增订版）第2卷，上海：华东师范大学出版社，2016，第30页。

⑯王夫之：《尚书引义·太甲二》，《船山全书》第二卷，长沙：岳麓书社，2011年，第299页。

⑰王夫之：《尚书引义·顾命》，《船山全书》第二卷，长沙：岳麓书社，2011年，第409页。

⑱冯契：《认识世界和认识自己》，《冯契文集》（增订版）第1卷，上海：华东师范大学出版社，2016，第302页。

善美》中，冯契对中国哲学史上的性习之争进行了梳理和总结，同样采取了哲学史的梳理模式，只是将心与性的关系转化为性与习的关系，即性习之争如何得到诠释："我通过感性活动而使性得以显现，我的本质从而对象化、形象化了，而对象之接受我的作用，则是'各以其道'（按对象固有的规律）。"⑲由此可知，两部分内容最终得出的结论还是人可以通过感性活动将人性对象化。这就造成了形式与内容上的一致，呈现出重复性。在深化冯契人性论中人的感性认识的作用的同时，也给理解其人性论造成了一定的困难。但需要注意的是，这种表面局限性的产生，缘于冯契始终将哲学史与哲学元理论相结合，来构建"智慧说"哲学体系。

（二）未完成性及其辨析

冯契提出的"哲学的人性论"，从人与自然、人与人、人与社会三个角度和人的内在与外在两个方面深入阐释了人是怎样认识世界和认识自己、如何揭示人的本质力量、形成自由意识和文化传统的问题。他将人性与天道的关系始终以知识与智慧、哲学与科学的相互结合来展开，意识到了以人作为精神主体而形成的自我意识的个体差异。这种个体差异的影响，导致了冯契提出的"哲学的人性论"在特定情况下没有办法进行自证，呈现出未完成性。

冯契在其"智慧说三篇"中将认识论视为本体论的导论，在重视认识自己的基础上沿着实践唯物主义辩证法的道路前进，形成了以马克思实践哲学为基点的"广义"认识论。在笔者看来，冯契虽然将认识论视为本体论的导论，却始终以本体论中的"人性论"为主要研究内容来展开广义认识论的探讨，在形式上偏离了其既定的哲学研究进路。使得其广义认识论没有将形上智慧与实践智慧紧密结合，对其"智慧说"哲学体系中的哲学元理论部分缺少实践论证，呈现出未完成性。这具体体现在以下四个方面。

其一，冯契将本体论和认识论的辩证统一视为其广义认识论的重要基点之一，却在书写和构建哲学元理论的过程中没有合理分配好本体论和认识论的篇幅。如前文所述，冯契将认识论视为本体论的导论，认为本体论和认识论的统

⑲冯契：《人的自由和真善美》，《冯契文集》（增订版）第3卷，上海：华东师范大学出版社，2016，第29页。

一是哲学最重要的问题之一。但在《认识世界和认识自己》中，他着重阐述的是如何认识自己，对无知到知、知识到智慧的“转识成智”过程展开了详细的分析，提出了基于实践的认识过程的辩证法，却未能从本源上揭示本体论与认识论如何统一的问题，缺少实践的检验，呈现出未完成性。这是从本体论与认识论的统一来讲的未完成性。虽然冯契并没有完全完成对人性论是本体论与认识论的内在统一的论证，但是这种想法的提出，本身就对构建“智慧说”具有积极意义。可见，未完成性作为冯契人性论的表面局限性，反而在构建“智慧说”的过程中却能够给予冯契很好的启发。从这个方面来讲，作为表面局面性的未完成性，实质上是冯契为构建“智慧说”哲学体系而作出的有益的尝试。

其二，冯契将“哲学的人性论”视为人的本质力量的揭示和发展，却没有将其构建成一个理论体系。在“智慧说三篇”中，冯契对“如何揭示人的本质力量、如何发展人的本质力量”两个问题展开了详细的探讨。这种探讨始终是以人性与理想、人性与自由、人性与智慧及其三者关系为主线而展开。其中涉及人的本质理论、人的自由理论、人的理想学说、“化理论为德性”“一致而百虑”的认识运动等具体学说及观点。在这些理论和观点中，冯契虽然将它们与人性对象的论述、人性条件的获得、人性能力的培养相结合，但并没有能够建立一个完整的、圆融的人性论体系。这导致了理想与现实的分离，也呈现出了未完成性。这是从人性论体系建构的层面来讲的未完成性。虽然冯契并没有完成人性论体系的建构，但他的真正目的在于将本体论视域下的人性论作为介质来沟通认识论、价值论和伦理学，进而能够构建起广义认识论体系，达到知意情与真善美的统一。由此可知，未完成性作为冯契人性论中存在的表面局限性内容，实质上是构建“智慧说”哲学体系过程中必不可少的尝试。而这种未完成性，恰恰体现出冯契通过对人的本质力量的揭示和发展进行说明，是为了在价值论视域中澄明人作为精神主体如何认识世界和发展自己的问题。

其三，冯契虽然用可感的说理词来诠释其“智慧说”哲学体系，对马、中、西哲学的概念、范畴、话语进行了会通及融合，但仍存在理论与实践脱节的现象。一方面，冯契强调“沿着实践唯物主义辩证法的路子”前进，却将心性论等儒家思想（资源）、西方存在主义思想等融人广义认识论的研究中，没有很好地解决三者的融合问题，导致内容与形式存在部分不符，呈现出未完成性。另一方面，冯契在用可感的说理词来诠释和澄明人性论的相关概念时，借助马克思主义哲学的相关概念、范畴，来诠释、分析人的本质、人的自由等问题。他逐渐将马克思主义人性论与中国传统人性论和中国的社会现实相结合，在理论层面上完成了马克思主义人性论与中国传统人性论的相互融合，促进了马克思主义人性论的中国化。但并没有就具体的分析方法进行实践检验，呈现出未完成性。这是从冯契人性论的话语方面来讲的未完成性。这种未完成性虽然给我们在日常生活中运用冯契的人性论造成了一定的困难，但是它从一个侧面反映了哲学知识体系构建的复杂性和多样性。冯契实质上只是想运用马、中、西的哲学资源和哲学话语来分析人性论问题，从而在马、中、西哲学话语的基础上构建出“智慧说”的哲学话语和哲学知识体系。

其四，冯契将现实的可能性得到实现、理想转化为现实的过程视为自由的产生和获得过程，却没有运用理想的形成、实现和自由的产生、获得过程完成价值哲学向文化哲学的转向，呈现出未完成性。在冯契看来，自由就是化理想为现实，理想就是将自由得到实现。这里就会存在一个问题：先有自由还是先有理想？依据冯契先生的观点：自由是将理想转化为现实，表现为由自发到自觉、自在到自为的感性实践过程。那么，自由与理想之间就是由自由到理想的正向关系。而现实的可能性得到实现的过程并不是依靠理想化为现实的过程来实现，它只是自由的产生和获得过程中的中间环节。由此可知，冯契提倡的“哲学的人性论”虽然清晰地论证了自由的产生和获得过程，想要实现价值哲学向文化哲学的转向，却忽视了现实的可能性造成的影响，呈现出未完成性。这种未完成性作为冯契人性论的表面局限性之一，给我们理解冯契人性论造成了一定的困难。但同时也是因为这种未完成性，使得冯契的“智慧说”哲学体系具有了一定的开放性，作为哲学工作者的我们可以尝试从不同的视角去阐释“智慧说”，为当代中国马克思主义哲学体系的构建提供了更多的可能性。

由上述可知，冯契人性论中存在重复性、未完成性两种表面局限性。这虽然在我们理解他的人性论的过程中造成了一定的困难，但对这种表面局限性展开辨析，可以发现冯契提出“哲学的人性论”的真正意图。哲学是“既济”“未济”的综合，冯契虽然没有完成人性论体系的构建，但是他提出的认识论和价值哲学的研究方法、文化与人的本质力量的关系、自由理想与人性的发展等内容，为我们对冯契人性论展开进一步的研究提供了广阔的理论空间，同时也为中国马克思主义人性论体系的构建指明了方向。

本章小结

本章由冯契人性论的总体性解读、冯契人性论的理论贡献、冯契人性论的局限性及其辨析三部分构成。首先，冯契将人的本质力量的揭示及其发展视为其人性论体系的基点，通过性与天道的交互作用，追寻形上智慧与实践智慧。在这个过程中，冯契对人怎样认识世界和认识自己进行了理论分析和实践阐发，并提供了方法论的思考。笔者认为，冯契的人性论为马克思主义哲学中国化和中国传统哲学的现代转型作出了重要贡献。其次，冯契人性论是以马、中、西人性论为基础的融合创新，以人性论为介质沟通了本体论、认识论、价值论和伦理学，与广义认识论存在内在一致性，推动了人的自由全面发展。再次，冯契人性论的理论贡献体现在：以人性论为重要内容，构建了“智慧说”哲学体系；以人性与认识的发展为路径，丰富和扩充了马克思主义认识论；以人性与理想人格培养为基点，丰富和扩充了马克思主义价值论。最后，冯契人性论也存在一定的表面局限性。如对相关概念、范畴、观点的解读反复出现，呈现出重复性；对合理的价值体系、人的本质力量的发展等范畴的诠释缺少实践检验的方式和方法，呈现出未完成性。这种表面局限性虽然给我们理解冯契人性论造成了一定的困难，但正是因为这种表面局限性的存在，才使得冯契构建的“智慧说”哲学体系能够具有独特的原创性和中国特色。

综上所述，冯契的人性论从整体上来分析，具备比较完整的理论体系雏形。它以认识论作为方法，对人的本质力量进行揭示并促进其发展，沟通了本体论、认识论、价值论与伦理学，为价值哲学向文化哲学的转向提供了一定的思维范式和思考方向。但从人性与智慧、人性与理想、人性与自由这三方面来看，冯契提出的“哲学的人性论”并没有脱离传统人性论的框架，没有真正完成对传统人性论的实质性超越。进而言之，研究冯契人性论的意义就在于利用这种未完成性和开放性，深入挖掘冯契人性论中可以利用的思想资源和思维范式，为构建当代中国马克思主义人性论体系提供理论借鉴。

结语　多元文化时代的人性论抉择

冯契提出的“哲学的人性论”，是对马克思人性论的批判性继承和创新性发展。它以马克思人学和马克思人性论为源头而逐步发展马克思主义人性论，是对以往人性论和人学理论的继承性超越，同时也发展了马克思提出的实践思维方式，把人作为主体来观察、探讨，进而研究“人之为人”“何以成人”的问题。马克思的实践观点的提出，导致人在认识实践活动中的主体地位得到进一步提升，使得人作为认识主体（精神主体）逐渐被发现和认识。基于此，冯契将马克思主义人性论扩展为“马魂、中体、西用”“三流合一”“综合创新”的“广义”人性论。也就是说，冯契提出的“哲学的人性论”，在文化与人的本质力量的发展等方面继承和超越了马克思主义人性论；在结合马克思主义人性论、中国传统人性论、西方近现代存在主义和本质主义人性论的同时，推动了哲学理论的创新和发展。

一方面，冯契提出的“哲学的人性论”，不仅对中国传统哲学中“人禽之辨”“群己之辩”“心物之辩”等关于“人之为人”“何以成人”的问题进行了系统性的解答，而且将马克思主义人性论与中国传统人性论、西方近现代人性论相融合，具有原创性意义。另一方面，虽然冯契并没有提出一个具有体系化、系统化的人性论体系，但其人性论为当代中国马克思主义人性论体系的建构和发展提供了可供参考和借鉴的思维范式及理论基础。

首先，冯契提出的“哲学的人性论”的核心在于如何揭示人的本质力量及促进其发展。冯契将人的本质力量视为人性论形成和发展的基础，并不断丰富其内容。他将人的本质力量由内在转化为外在，并将人在实践活动中获得的知识及人类社会产生的文化等内容视为人的本质力量的重要组成部分，扩展了人的本质力量的内涵及其外延。也就是说，冯契将“哲学的人性论”视作人的本质力量得到揭示和发展后形成的理论，并探讨由此形成的人类实践活动所产生的价值和意义。这与马克思主义人性论、中国传统人性论、西方近现代本质主义和存在主义人性论都存在一定的差别，但又与它们所关注的重点——人性的自由发展密切相关。换言之，冯契的人性论与马克思主义人性论、中国传统人性论、西方本质主义和存在主义人性论具有相同的关注重点。值得注意的是，冯契是在人的本质的基础上来探寻如何揭示人的本质力量及促进其发展，对传统人性论进行了批判性继承。

在笔者看来，冯契始终坚持实践唯物主义的辩证法，是以马克思实践观点为前提来展开人性论研究。这使得冯契提出的“哲学的人性论”理应是实践唯物主义的人性论，是将人的活动作为社会实践来研究其具有的自我意识及理想、自由、知识和智慧。质言之，冯契提出的“哲学的人性论”虽然兼容马克思主义人性论、中国传统人性论、西方近现代本质主义和存在主义人性论，但其理论根基是马克思主义人性论。这为当代中国马克思主义人性论的发展奠定了理论基础和研究范式——沿着实践唯物主义辩证法的路子前进，始终以马克思主义人性论为基石，吸收非马克思主义的合理性因素，建立起世界哲学视野，对马克思主义人性论展开原创性研究。同时，要结合中华优秀传统文化和具体实际，将马克思主义人性论在中国化的基础上进行创造性转化和创新性发展。

其次，冯契提出的“哲学的人性论”是以马、中、西人性论为基础的融合创新。冯契的人性论体现了马克思主义哲学的特质，融合了中国传统人性论和西方本质主义、存在主义人性论的合理性因素，是对马、中、西人性论的批判性继承和超越。如前文所述，冯契提倡的“哲学的人性论”，以马克思主义人性论和中国传统人性论为基础，具有马克思主义哲学的特质；并运用西方哲学的先进成果，将人性论由传统意义上的狭义人性论扩展为“广义”人性论，推动了中国马克思主义人学的进一步发展。值得肯定的是，冯契以人性论为重要内容构建了以广义认识论为核心的“智慧说”哲学体系，推动了世界哲学的发展，开辟了世界哲学的新境域。

再次，多元文化时代的人性论抉择，需要借鉴冯契提倡的“哲学的人性论”中的合理性因素，并结合中国的社会现实和国际形势，推动马克思提出的“自由人的联合体”的构建；在世界历史的视域下，形成一条东西方文化与哲学会通、超越与融合，形上智慧及实践智慧相结合的康庄大道。

最后，冯契提出的“哲学的人性论”也存在一定的局限性。我们要对这种表面局限性进行辨析，正确认识冯契提出“哲学的人性论”的真正意图——构建以广义认识论为核心的“智慧说”哲学体系，推动人的自由全面发展。在这个基础上，我们要以马克思主义哲学为基本立场，以中国传统哲学为本位，以西方哲学的逻辑思维来进行动态的考察，继续深化对中国马克思主义人性论及其相关问题的研究。

参考文献

一、著作类：

[1]中共中央马克思恩格斯列宁斯大林著作编译局.马克思恩格斯文集(1-10卷)[M].北京:人民出版社,2009.

[2]中共中央马克思恩格斯列宁斯大林著作编译局.马克思恩格斯选集(1-4卷)[M].北京:人民出版社,2012.

[3]卡尔·雅斯贝尔斯.论历史的起源与目标[M].李雪涛,译.上海:华东师范大学出版社.2018.

[4]尤尔根·哈贝马斯.重建历史唯物主义[M].郭官义,译.北京:社会科学文献出版社.2013.

[5]尤尔根·哈贝马斯.交往行为理论:第一卷[M].曹卫东,译.上海:上海人民出版社,2018.

[6]让-雅克·卢梭.论人类不平等的起源和基础[M].邓冰艳,译.杭州:浙江文艺出版社,2015.

[7]萨特.存在与虚无[M].陈宣良,等译.上海:生活·读书·新知三联书店,2014.

[8]汉娜·阿伦特.人的条件[M].竺乾威,等译.上海:上海人民出版社,2000.

[9]赫伯特·马尔库塞.单向度的人:发达工业社会意识形态研究[M].刘继,译.上海:上海译文出版社,2016.

[10]CONSTANTINE S. Philosophy of Action from Suarez to Anscombe[M]. Taylor and Francis:2020-03-12.

[11]GROSSR. Being Human[M].Taylor and Francis:2019-05-16.

[12]CHANS. Xing 性 and Qing 情:Human Nature and Moral Cultivation in the Guodian Text Xing zi ming chu 性命自出(Nature Defives from Endowment)[M].Springer International Publishing:2019-05-04.

[13]阿德勒.洞察人性[M].张晓晨,译.上海:上海三联书店,2016.

[14]陈晓龙.知识和智慧:金岳霖哲学研究[M].北京:高等教育出版社,1997.

[15]方东美.中国人生哲学[M],北京:中华书局,2012.

[16]方克立,李锦泉.现代新儒家学案(上、中、下)[M].北京:中国社会科学出版社,1995.

[17]冯契.冯契文集(1-10卷)[M].上海:华东师范大学出版社,1996.

[18]冯契.冯契文集(增订版)(1-11卷)[M].上海:华东师范大学出版社,2016.

[19]冯契.中国近代哲学史(增订版)(上、下册)[M].北京:生活·读书·新知三联书店,2014.

[20]冯契 著,陈卫平 整理.冯契学述[M].杭州:人民出版社,1999.

[21]高清海,胡海波,贺来.人的"类生命"与"类哲学":走向未来的当代哲学精神[M].长春:吉林人民出版社,1998.

[22]高清海.高清海类哲学文选[M].北京:人民出版社,2019.

[23]高清海.高清海哲学文存(1-6卷)[M].长春:吉林人民出版社,1997.

[24]高清海.高清海哲学文存续编(1-3卷)[M].哈尔滨:黑龙江教育出版社,2004.

[25]高清海.人就是"人"[M].沈阳:辽宁人民出版社,2001.

[26]郭湛.主体性哲学——人的存在及其意义[M].北京:中国人民大学出版社,2011.

[27]韩庆祥,邹诗鹏.人学:人的问题的当代阐释[M].昆明:云南人民出版社,2001.

[28]韩庆祥.现实逻辑中的人:马克思的人学理论研究[M].北京:北京师范大学出版社,2017.

[29]贺来.高清海先生逝世十周年纪念文集[M].北京:中国社会科学出版

社,2019.

[30]黑格尔.精神现象学(上、下卷)[M].贺麟,王玖兴,译.上海:上海人民出版社,2013.

[31]黑格尔.哲学史讲演录(1-4卷)[M].贺麟,王庆节,译.上海:上海人民出版社,2013.

[32]胡伟希.金岳霖哲学思想[M].武汉:湖北人民出版社,1996.

[33]金岳霖学术基金委员会.金岳霖全集(1-6卷)[M].北京:人民出版社,2014.

[34]李维武.二十世纪中国本体论问题[M].长沙:湖南教育出版社,1991.

[35]李泽厚.人类历史学本体论[M].山东:青岛出版社,2016.

[36]李泽厚.中国近代思想史论[M].北京:生活·读书·新知三联书店,2008.

[37]李泽厚.中国现代思想史论[M].北京:生活·读书·新知三联书店,2008.

[38]刘明诗.冯契与马克思主义哲学中国化[M].北京:人民出版社,2014.

[39]让-保罗·萨特.什么是主体性?[M].吴子枫,译.上海:上海人民出版社,2017.

[40]让-保罗·萨特.存在主义是一种人道主义[M].上海:上海译文出版社,2012.

[41]孙立天.高清海哲学思想讲座[M].北京:中国社会科学出版社,2014

[42]孙正聿.哲学:思想的前提批判[M].北京:中国社会科学出版社,2016.

[43]王海明.人性论[M].北京:商务印书馆,2014.

[44]王南湜.马克思主义哲学中国化的历程及其规律研究[M].北京:北京师范大学出版社,2012.

[45]王向清,李伏清.冯契"智慧说"探析[M].湘潭:湘潭大学出版社,2012.

[46]王晓红.现实的人的发现:马克思对人性理论的变革[M].北京:北京师范大学出版社.2011.

[47]王元明.人性的探索[M].南京:南开大学出版社,2019.

[48]韦政通.传统中国理想人格的分析[M]//李亦园,杨国枢.中国人的性格.北京:中国人民大学出版社,2012.

[49]夏甄陶.人是什么[M].北京:商务印书馆,2000.

[50]夏甄陶.人学原理[M].北京:北京出版社,2004.

[51]谢幼伟.现代哲学名著述评[M].济南:山东人民出版社,1997.

[52]熊十力.十力语要[M].北京:中华书局,1996.

[53]熊十力.新唯识论[M].北京:中华书局,1985.

[54]休谟.人性论[M].北京:商务印书馆,2019.

[55]徐复观.中国人性论史[M],上海:华东师范大学出版社,2005.

[56]许苏民.中西哲学比较研究史(两卷本)[M].南京:南京大学出版社,2014.

[57]杨国荣.成己与成物[M].北京:北京师范大学出版社,2018.

[58]杨国荣.道论[M].北京:北京大学出版社,2011.

[59]杨国荣.科学的形上之维[M].北京:北京师范大学出版社,2018.

[60]杨国荣.人类活动与实践智慧[M].北京:北京师范大学出版社,2018.

[61]杨国荣.实证论和中国哲学[M].北京:高等教育出版社,1996.

[62]杨国荣.心学之思:王阳明哲学的阐释[M].北京:生活·读书·新知三联书店,1997.

[63]杨国荣.哲学:思向何方[M].北京:中国社会科学出版社,2019.

[64]杨国荣.追寻智慧:冯契哲学思想研究[M].上海:上海古籍出版社,2007.

[65]杨国荣.知识与智慧:冯契哲学研究论文集(1996-2005)[M].上海:华东师范大学出版社,2005.

[66]杨海燕,方金奇.智慧的回望:纪念冯契先生百年诞辰访谈录[M].南宁:广西师范大学出版社,2015.

[67]叶秀山.哲学的希望:欧洲哲学的发展与中国哲学的机遇[M].南京:江苏人民出版社,2018.

[68]郁振华.形上的智慧何以可能:中国现代哲学的沉思[M].上海:华东师范大学出版社,2000.

[69]张耀南."大人"论:中国传统中的理想人格[M].北京:北京大学出版社,2005.

[70]赵修义,童世骏.马克思恩格斯同时代的西方哲学:以问题为中心的断代哲学史[M].上海:华东师范大学出版社,1994.

[71]周利方.当代中国的智慧论:冯契马克思主义哲学中国化贡献研究[M].上海:上海社会科学院出版社,2017.

[72]王向清.冯契与马克思主义哲学中国化[M].湘潭:湘潭大学出版社,2008.

[73]李志林.当代著名哲学家冯契评传[M].上海:上海人民出版社,2019.

二、 期刊报纸类

(一) 期刊

[1]KOUMANDOS S. Remarks on a Paper by Chao-Ping Chen and Feng Qi[J].American Mathematical Society,2006,134(5).

[2]Van den Stock. The curious incident of wisdom in the thought of Feng Qi (1915 - 1995): comparative philosophy, historical materialism, and metaphysics[J]. Routledge,2018,28(3).

[3]YANG G R,HUANG Y. Feng Qi on Wisdom[J]. Routledge,2011,42(3).

[4]鲍文欣.智慧的实践之维与哲学史的写法——对冯契哲学思想的一点分析[J].华东师范大学学报(哲学社会科学版),2017,49(06):14-19+169.

[5]蔡志栋.回应冯契哲学研究中的几个问题[J].学术界,2016(05):101-110+325.

[6]蔡志栋.逻辑发展法:冯契哲学探索的基本特征——兼论"以马解中"的四种典范[J].现代哲学,2017(02):153-160.

[7]陈来.冯契德性思想简论[J].华东师范大学学报(哲学社会科学版),2006(02):38-44.

[8]陈卫平,童世骏.冯契:智慧的探索者[J].华东师范大学学报(哲学社会科学版),1995(03):1-6.

[9]陈卫平.为构建中国特色哲学社会科学体系提供基础——写好中国当代哲学史的思考[J].哲学研究,2021(05):23-32+127-128.

[10]陈卫平.心灵自由:冯契哲学创作的源泉[J].华东师范大学学报(哲学社会科学版),2015,47(05):9-15+219.

[11]陈卫平.哲学家的脚步如何走向大众[J].探索与争鸣,2016(09):46-49.

[12]陈晓龙.从广义认识论到智慧说——兼谈冯契哲学的基本精神[J].华东师范大学学报(哲学社会科学版),2005(02):9-14+28-121.

[13]陈晓龙.转识成智——冯契对时代问题的哲学沉思[J].哲学研究,1999(02):14-22.

[14]陈新夏.人的发展的阶段性和当代含义[J].吉首大学学报(社会科学版),2015,36(06):1-7.

[15]陈新夏.人的发展研究的理论范式[J].马克思主义与现实,2016(01):52-58.

[16]陈新夏.人性与人的本质及人的发展[J].哲学研究,2010(03):34-38.

[17]成云雷.冯契理想人格学说对中国哲学传统的继承及其方法论特征[J].湖北社会科学,2002(12):23-25.

[18]成中英.冯契先生的智慧哲学与本体思考:知识与价值的逻辑辩证统一[J].学术月刊,1997(03):3-7.

[19]成中英.人的本体发生与智慧发展:从方法到智慧,从智慧到自由[J].华东师范大学学报(哲学社会科学版),2016,48(03):50-58+182.

[20]程广丽.人性论的解读路径:马克思的视角及其意义——从西方马克思主义人性论的方法论缺陷谈起[J].理论探讨,2016(02):60-64.

[21]程薇.冯契"平民化自由人格"之阐释[J].湖北社会科学,2017(09):93-99.

[22]崔琳璐.冯契与黄枏森人学思想之比较——以1980—1990年代中国马克思主义哲学变革为背景[J].湖北民族学院学报(哲学社会科学版),2017,35(03):167-171.

[23]戴兆国.论冯契智慧说的德性形而上学之维[J].江南大学学报(人文社会科学版),2020,19(06):27-32.

[24]董平.中国传统哲学中的人性论问题[J].山东省社会主义学院学报,2020(06):4-29.

[25]方克立.二十世纪中国哲学研究的回顾和展望[J].中国社会科学院研究生院学报,1996(05):1-7.

[26]方克立.冯契研究与冯契学派——兼论当代中国的学术学派[J].哲学分析,2014,5(06):138-152.

[27]冯契.古今、中西之争与中国近代哲学革命[J].上海社会科学院学术季刊,1985(01):109-123.

[28]冯契.哲学要把握时代脉搏[J].社会科学,1982(03):3.

[29]冯契.智慧的探索——《智慧说三篇》导论[J].学术月刊,1995(06):3-23.

[30]冯契.智慧与偏失——从中国传统哲学的特点看传统文化的民族特征[J].同济大学学报(人文·社会科学版),1990(00):24-38.

[31]付长珍.论德性自证:问题与进路[J].华东师范大学学报(哲学社会科学版),2016,48(03):137-144+183-184.

[32]高清海,余潇枫."类哲学"与人的现代化[J].中国社会科学,1999(01):70-79.

[33]高清海,张海东.社会国家化与国家社会化——从人的本性看国家与社会的关系[J].社会科学战线,2003(01):1-9.

[34]高清海,张慧彬.从哲学思维方式的演进看人的不断自我超越本质[J].哲学动态,1994(09):34-35.

[35]高清海,张树义.论哲学对象的历史演变[J].江淮论坛,1985(06):11-16.

[36]高清海."人"的双重生命观:种生命与类生命[J].江海学刊,2001(01):77-82+43.

[37]高清海."人"需要建立对自己行为后果负责的精神[J].社会科学辑刊,2002(01):4-6.

[38]高清海."人"只能按照人的方式去把握——再论人与哲学的关系问题[J].社会科学战线,1996(06):1-8.

[39]高清海.价值选择的实质是对人的本质之选择[J].吉林师范大学学报(人文社会科学版),2005(03):1-3.

[40]高清海.论人的"本性"——解脱"抽象人性论"走向"具体人性观"[J].社会科学战线,2002(05):216-222.

[41]高清海.论思想解放与人的解放[J].江海学刊,1998(01):70-75.

[42]高清海.马克思对"本体论思维方式"的历史性变革[J].当代国外马克思

主义评论,2004(00):33-40+262-264+282.

[43]高清海.人的类生命、类本性与“类哲学”[J].长白论丛,1997(02):5-14.

[44]高清海.人的天人一体本性——转变对“人”的传统观念[J].江海学刊,1996(03):80-86.

[45]高清海.人的未来与哲学未来——“类哲学”引论[J].学术月刊,1996(02):3-16.

[46]高清海.人类正在走向自觉的“类存在”[J].吉林大学社会科学学报,1998(01):1-12+94.

[47]高清海.人学研究与哲学[J].江海学刊,1996(01):76-77.

[48]高清海.人与社会发展[J].吉林大学社会科学学报,1995(02):77-78.

[49]高清海.为人类文化发展开创未来[J].社会科学战线,1998(03):5-6.

[50]高清海.未来哲学展望[J].社会科学战线,1995(02):43-46.

[51]高清海.形而上学与人的本性[J].求是学刊,2003(01):10-12.

[52]高清海.中华民族的未来发展需要有自己的哲学理论[J].吉林大学社会科学学报,2004(02):5-7.

[53]高清海.转变认识“人”的通常观念和方法[J].人文杂志,1996(05):1-5+12

[54]高瑞泉.“天人合一”的现代诠释——冯契先生“智慧说”初论[J].学术月刊,1997(03):8-14+57.

[55]高瑞泉.观念史何为?[J].华东师范大学学报(哲学社会科学版),2011,43(02):1-10+152.

[56]高瑞泉.在历史深处通达智慧之道——略论冯契的哲学史研究与“智慧说”创作[J].华东师范大学学报(哲学社会科学版),2017,49(06):1-13+169.

[57]高文新,苗苗.中国当代哲学建构方向的思考——从高清海哲学理论创新谈起[J].社会科学辑刊,2015(01):5-10.

[58]顾红亮.冯契哲学与时代思潮——冯契哲学思想讨论会综述[J].学术月刊,1997(01):125-127.

[59]顾红亮.个别、个体与个性——论冯契的个人观[J].华东师范大学学报(哲学社会科学版),2009,41(02):27-32.

[60]顾红亮.自由人格的可能性:以冯契为例[J].天津社会科学,2012(02):23-28+119.

[61]郭美华,陈昱哲.论冯契哲学自由个性之本体论意义的三重维度[J].福建论坛(人文社会科学版),2021(04):128-142.

[62]韩旭,臧宏.冯契人学自由观研究——臧宏教授访谈录[J].思想与文化,2020(01):353-367.

[63]何怀宏.在人性的范围内——有关科技与人文的一些思考[J].华东师范大学学报(哲学社会科学版),2021(01):1-10.

[64]何萍,李维武.从冯契"智慧说"的心性论和人格观看中国哲学的变革之路[J].学术月刊,2014,46(04):18-28.

[65]何萍.冯契哲学的双重身份及其对马克思主义哲学中国化的贡献[J].华东师范大学学报(哲学社会科学版),2016,48(03):35-44+181.

[66]何云峰.论个人自由的四个领域和三个维度[J].上海交通大学学报(哲学社会科学版),2007(02):68-74.

[67]贺来.从特殊的"知识类型"到特殊的"人类活动"——对当代哲学观一种重大转向的考察[J].学术月刊,2019(12):5-12.

[68]贺善侃.理想人格的认识论特征和塑造途径[J].探索与争鸣,2012(01):40-43.

[69]贺善侃.马克思主义大众化的一条重要途径:化理论为德性[J].理论建设,2011(04):37-42.

[70]洪晓楠,张增娇.论冯契的哲学观[J].大连理工大学学报(社会科学版),2006(02):59-64.

[71]胡军."所与是客观的呈现"说评析——以金岳霖、冯契为例[J].华东师范大学学报(哲学社会科学版),2016,48(03):70-76+182.

[72]胡为雄.人学研究:回顾、评析及展望[J].天府新论,1999(03):50-55.

[73]胡为雄.中国人学研究一瞥[J].哲学动态,1997(09):13-16.

[74]黄明理.从人性看人的道德需要[J].南京师大学报(社会科学版),1997(01):24-27.

[75]黄枬森.关于人的理论的若干问题[J].哲学研究,1983(04):63-70.

[76]黄兆慧.——平民化的自由人格在现代社会何以可能[J].中国石油大学学报(社会科学版),2017,33(06):64-69.

[77]金延.考察人性问题的哲学方法论原则[J].陕西师大学报(哲学社会科学版),1989(01):28-34.

[78]金艳芬,张士清.人性的历史主义形式——肖恩·塞耶斯对马克思人性观的解读[J].社会科学辑刊,2010(06):34-36.

[79]景月楼.马克思主义哲学视域下哲学与人性的内在关联[J].内蒙古民族大学学报(社会科学版),2018,44(06):110-115.

[80]兰久富,周竹莉.马克思的完善论思想[J].北京师范大学学报(社会科学版),2020(02):113-121.

[81]蓝华生.走向分析的人性——马克思主义人性观的一种新理解[J].安徽理工大学学报(社会科学版),2012,14(03):11-16.

[82]李伏清,刘润东.冯契世界哲学观及其当代价值研究[J].哲学动态,2021(04):22-32+128.

[83]李伏清."天人合一"与冯契的智慧说[J].江西社会科学,2012,32(04):37-40.

[84]李伏清.刍议冯契的评价理论——兼议评价与认知的比较[J].湖湘论坛,2006(05):42-43.

[85]李伏清.论冯契对人的本质的构造[J].探索与争鸣,2008(04):71-73.

[86]李鸿烈.成熟时期马克思的科学人性论和人本哲学——马克思哲学新论之一[J].福建论坛(人文社会科学版),2010(03):75-77.

[87]李妮娜.冯契论"自我"[J].华东师范大学学报(哲学社会科学版),2017,49(06):20-27+169.

[88]李妮娜.论冯契的"智慧说"与哲学史书写[J].思想与文化,2020(01):337-352.

[89]李润州.转识成智:何以及如何可能——基于冯契智慧说的回答[J].山西大学学报(哲学社会科学版),2019(06):89-95.

[90]李维武.冯契中国近代哲学史研究的方法论意义[J].华东师范大学学报(哲学社会科学版),2006(02):45-50.

[91]李维武.冯契中国哲学史研究的思想路径与内涵拓展[J].华东师范大学学报(哲学社会科学版),2020,52(02):13-25+193.

[92]李宪堂.人性的规训与献祭——儒家道德观的专制主义实质[J].南开学报(哲学社会科学版),2015(03):15-25.

[93]李晓哲.冯契自觉与自愿并重道德原则的困难[J].淮南师范学院学报,2017,19(05):1-3+57.

[94]李义祥,张志雄.人性的本质和人的本质视野下的人性——从"冯契对人本质的新见解"谈起[J].内蒙古农业大学学报(社会科学版),2008(05):308-311.

[95]李振纲.化理论为德性——论冯契先生的自由价值观[J].河北大学学报(哲学社会科学版),1997(03):116-121.

[96]李志.论"个体"在马克思思想中的位置[J].贵州大学学报(社会科学版),2020,38(02):11-20.

[97]林合华.理性直觉与感性实践:以冯契的广义认识论为中心[J].江汉大学学报(人文科学版),2011,30(01):105-108.

[98]林孝暸.从政治自由到哲学自由——冯契自由理论的历史发展[J].现代哲学,2008(04):117-121.

[99]林孝暸.冯契对马克思主义自由理论的推进[J].求索,2008(06):94-95+98.

[100]刘静芳.解决狭义认识论问题的别样方案[J].华东师范大学学报(哲学社会科学版),2019,51(03):51-58+173-174.

[101]刘梁剑.成性存存,自由之门——试论冯契对王夫之的哲学书写[J].华东师范大学学报(哲学社会科学版),2020,52(02):26-33+193.

[102]刘明诗.冯契对"中国向何处去"问题的哲学回应[J].马克思主义哲学研究,2020(01):153-161.

[103]刘明诗.冯契对马克思主义人学的探索[J].湖北社会科学,2011(08):9-12.

[104]刘仁贵.论道德二重性——一种人性论的视角[J].河南师范大学学报(哲学社会科学版),2009,36(03):15-18.

[105]刘晓虹.世界性百家争鸣与中国哲学自信——纪念冯契百年诞辰国际学术研讨会综述[J].华东师范大学学报(哲学社会科学版),2015,47(06):155-160.

[106]罗亚娜,史丹荔,黄惠美,等.冯契的后马克思主义知识论[J].华东师范大学学报(哲学社会科学版),2016,48(03):59-69+182.

[107]马天俊.人以释哲学,哲学以释人——读高清海《"人"的哲学觉悟》[J].哲学研究,2006(03):118-122.

[108]孟祥科.西方人性理论研究综述[J].延边党校学报,2011,26(01):16-19.

[109]宁新昌.从自由个性的本体论看冯契对传统文化的承传[J].社会科学,1998(05):36-38.

[110]庞井君.当代社会发展的人性论基础论纲[J].天津社会科学,2001(01):39-44.

[111]漆思,张爽.类本性理论的当代观照与人性自觉[J].江西社会科学,2013,33(06):22-26.

[112]秦志龙,王岩."人性"概念考辩与人的本质探要——基于历史唯物主义的视角[J].理论月刊,2017(07):56-61.

[113]邱涵,张应杭.论冯契的智慧说对马克思主义价值论的理论贡献[J].浙江社会科学,2017(06):96-101+158.

[114]任剑涛.向德性伦理回归——解读"化理论为德性"[J].学术月刊,1997(03):15-18.

[115]沈亚生,杨琦.我国当代人性论研究的回顾与思考[J].清华大学学报(哲学社会科学版),2014,29(01):66-73+160.

[116]施冠男.马克思的类概念与当代类哲学[J].学理论,2016(12):78-79.

[117]叔贵峰.高清海的人性理论及其学术价值[J].辽东学院学报,2006(05):62-65.

[118]叔贵峰.高清海哲学思想当代拓展的理论指向[J].吉林师范大学学报(人文社会科学版),2015,43(02):71-74.

[119]孙利天.创造中华民族自己的哲学理论——高清海先生的哲学遗嘱[J].社会科学战线,2004(06):8-11.

[120]孙旭武.对传统人性论之争的反思[J].人民论坛,2017(06),99-108.

［121］孙正聿.大气、正气和勇气——高清海先生的为人与为学［J］.吉林大学社会科学学报,2014,54(06):5-8.

［122］孙正聿.个性化的类本性:高清海“类哲学”的内涵逻辑［J］.社会科学战线,2019(07):18-27+281.

［123］孙正聿.人与世界的否定性统一——高清海对人与世界关系的理解［J］.天津社会科学,2015(01):32-36.

［124］汤一介.读冯契同志《<智慧说三篇>导论》［J］.学术月刊,1995(06):30-33.

［125］汤一介.走出“中西古今”之争,融会“中西古今”之学［J］.学术月刊,2004(07):5-8.

［126］陶德麟.关于人学研究的两个问题之我见［J］.马克思主义哲学研究,2006(00):295-299.

［127］陶德麟.人学研究应当坚持的两个原则［J］.高校理论战线,2007(01):56-59.

［128］田海平.追随“思”,为了人和哲学的觉醒［J］.江海学刊,2015(01):62-66.

［129］童世骏.冯契和西方哲学［J］.学术月刊,1996(03):31-37+96.

［130］王福生.高清海类哲学研究中的几个问题［J］.吉林大学社会科学学报,2019,59(05):170-177+223.

［131］王福生.类哲学与人类文明新形态［J］.天津社会科学,2018(06):53-58.

［132］王龙.论冯契的心性论思想［J］.镇江高专学报,2019,32(03):116-118.

［133］王南湜.“类哲学”:价值世界的理论奠基——高清海先生晚年哲学思考的再理解［J］.吉林大学社会科学学报,2015,55(01):109-124+174.

［134］王南湜.重建中华民族的价值理想——中国马克思主义哲学一条未彰显的发展路径及其意蕴［J］.学习与探索,2017(07):1-11.

［135］王锐生.关于人性概念的理解［J］.哲学研究,1980(03):22-27.

［136］王贤卿.基于马克思人性理论视阈的人与自然关系探析［J］.中州学刊,2011(02):138-142.

［137］王向清,崔治忠.论冯契智慧说中自我对性与天道的认识［J］.衡阳师范学院学报,2006(02):48-54.

[138]王向清，李伏清．冯契对人的本质的新见解[J]．哲学研究，2004(12)：33-38+92.

[139]王向清，卢云蓉．冯契对如何认识世界的新探索[J]．广东社会科学，2012(02)：62-67.

[140]王向清，余华．冯契的道德理想学说[J]．湘潭大学学报(哲学社会科学版)，2008(02)：125-128.

[141]王向清，余华．冯契的人生理想学说[J]．社会科学家，2006(03)：6-9.

[142]王向清．“智慧”说及其对马克思主义哲学中国化的贡献[J]．哲学动态，2006(05)：10-14.

[143]王向清．冯契对休谟问题的解答[J]．华东师范大学学报(哲学社会科学版)，2004(05)：43-49+55-122.

[144]王向清．冯契对怎样认识自我的探索[J]．湖湘论坛，2011，24(02)：51-58.

[145]王向清．冯契哲学思想研究综述[J]．哲学动态，1999(09)：18-21.

[146]王向清．论冯契的理想学说[J]．中国哲学史，2006(04)：92-98.

[147]王向清．以马克思主义哲学的立场阐释中国传统哲学——冯契对学术层面马克思主义哲学中国化的贡献之二[J]．求索，2007(01)：144-146.

[148]王向清．再论冯契对20世纪中国哲学的贡献[J]．高校理论战线，2011(11)：14-19

[149]王新建，彭漪涟．天道与人道关系难题的现代解读——简论张岱年和冯契的天人合一观[J]．哲学研究，2008(09)：66-69.

[150]王永祥．也谈马克思人的发展三形态说与我国“当前的迫切任务”——与高清海教授商榷[J]．河北学刊，1999(01)：31-35.

[151]魏书胜．高清海“做人”思想的哲学内涵及其哲学观意义[J]．吉林大学社会科学学报，2019，59(05)：178-185+223.

[152]吴根友，黄燕强．论冯契的真理观[J]．华东师范大学学报(哲学社会科学版)，2015，47(04)：38-46+168.

[153]吴根友，王博．试论冯契的“境界论”思想——兼与王国维“境界论”之比较[J]．华东师范大学学报(哲学社会科学版)，2016，48(03)：129-136+183.

[154]吴根友．当代中国哲学形态构建面临的时代问题与可能回答[J]．中国

社会科学,2008(05):48-53+204-205.

[155]吴根友.冯契“平民化的自由人格”说申论[J].哲学研究,1997(11):35-41.

[156]吴根友.个人自由与理想社会——殷海光与冯契自由理想之比较[J].中国哲学史,2000(02):115-123.

[157]吴根友.一个二十世纪中国哲学家的做人理想——冯契“平民化自由人格”说浅绎[J].学术月刊,1996(03):46-49.

[158]吴先伍.“理智不是干燥的光”——冯契对科学与哲学关系的思考[J].华东师范大学学报(哲学社会科学版),2016,48(03):100-107+183.

[159]吴勇.从“生之谓性”到“生生之谓性”——先秦主要几种人性论检讨[J].学术界,2015(11):133-140.

[160]伍龙.以人民为中心传承中华优秀传统文化——基于冯契文化哲学观的考察[J].学习与探索,2020(02):15-21+198.

[161]谢俊.人学理论的突破与超越:从实践论范式到系统论范式[J].西南大学学报(社会科学版),2014,40(05):24-29.

[162]徐汝庄,童世骏.智慧的探索——冯契教授访谈录[J].探索与争鸣,1994(11):38-41.

[163]许春.如何理解“知识论的态度”和“元学的态度”——从冯契回到金岳霖[J].河北学刊,2016,36(03):30-35.

[164]杨国荣,童世骏,赵修义,等.冯契与古今中西之争(笔谈)[J].华东师范大学学报(哲学社会科学版),2016,48(03):2-26+181.

[165]杨国荣.“四重”之界与“两重”世界——由冯契先生“四重”之界说引发的思考[J].华东师范大学学报(哲学社会科学版),2019,51(03):35-40+172-173.

[166]杨国荣.论冯契的广义认识论[J].中国哲学史,2006(01):103-110.

[167]杨国荣.世界哲学视域中的智慧说——冯契与走向当代的中国哲学[J].学术月刊,2016,48(02):5-22+33.

[168]杨沐,潘宇鹏.以人学建构一个思想中的时代——纪念为中国哲学改革事业作出不可磨灭贡献的高清海先生[J].学术论坛,2006(11):23-30.

[169]俞吾金.再论中国传统人性理论的去魅与重建[J].哲学分析,2013(01):26-35.

[170]俞吾金.中国传统人性理论的去魅与重建[J].中国哲学年鉴,2010,52-70.

[171]郁振华.具体的形上学:金-冯学脉的新开展[J].哲学动态,2013(05):36-45.

[172]元永浩,张佩荣.类哲学:中国传统哲学的当代表述[J].吉林大学社会科学学报,2019,59(05):186-192+223-224.

[173]元永浩.实践观点的思维方式与类哲学——试探高清海先生的哲学创新逻辑[J].吉林大学社会科学学报,2017,57(04):14-19+203.

[174]臧宏.论冯契的世界哲学思想[J].学术界,2006(06):218-227

[175]张建军.摹状、规范与半描述论——“金岳霖—冯契论题”与当代指称理论的“第三条道路”[J].清华大学学报(哲学社会科学版),2016,31(01):158-164+192.

[176]张景.论中国古代人性论争的症结所在[J].湖南大学学报(社会科学版),2019,33(03):127-132.

[177]张静宁,张祥浩.论高清海马克思主义哲学研究的三个阶段[J].东南大学学报(哲学社会科学版),2018,20(05):5-11+146.

[178]张明峰.冯契“平民化自由人格”理论的现实意义、困境及局限[J].和田师范专科学校学报,2007(02):207-208.

[179]张蓬.“当代中国哲学”作为问题的语境意义[J].哲学研究,2012(03):56-60.

[180]张汝伦.创新、超越与局限——试论冯契的广义认识论[J].复旦学报(社会科学版),2011(03):1-11.

[181]张汝伦.冯契和现代中国哲学[J].华东师范大学学报(哲学社会科学版),2016,48(03):27-34+181.

[182]张曙光.“类哲学”与“人类命运共同体”[J].吉林大学社会科学学报,2015,55(01):125-132+174-175.

[183]张曙光.聚焦“人性”论[J].哲学分析,2013,4(01):20-25+197.

[184]张天飞.冯契先生的哲学研究路向[J].华东师范大学学报(哲学社会科学版),2005(02):1-3+121.

[185]张晓红.抽象人性论——新自由主义历史观评析[J].思想理论教育导

刊,2009(05):44-48.

[186]张一兵.人是马克思哲学中的核心概念?——弗罗姆《马克思关于人的概念》解读[J].人文杂志,2003(04):7-11.

[187]张应杭.论冯契的理想观对马克思主义哲学的理论贡献[J].华东师范大学学报(哲学社会科学版),2016,48(03):45-49+181-182.

[188]张志军.冯契的实践观[J].武汉大学学报(人文科学版),2001(01):20-23.

[189]章含舟.冯契哲学在海外[J].华东师范大学学报(哲学社会科学版),2016,48(03):174-180.

[190]赵修义."价值导向":地道的中国话语[J].探索与争鸣,2016(09):35-38.

[191]赵修义.伦理学就是道德科学吗?[J].华东师范大学学报(哲学社会科学版),2018,50(06):45-51+173.

[192]赵修义.志存高远的专业哲学家真诚的马克思主义者——怀念先哲冯契先生[J].毛泽东邓小平理论研究,2015(09):84-90.

[193]周德丰,李承福.从阐发"人的哲学"到召唤建构"当代中国哲学"——高清海教授哲学观的发展历程[J].天津社会科学,2014(03):13-18.

[194]朱承.冯契的政治哲学[J].武汉大学学报(哲学社会科学版),2018,71(04):71-82.

[195]朱承.冯契自由观念的政治哲学解读[J].伦理学研究,2016(04):80-85.

[196]朱承.智慧何以自由——来自冯契的回答[J].哲学动态,2021(07):56-64+129

[197]邹广文.高清海"人的哲学"的延展逻辑[J].天津社会科学,2015(02):34-38+55.

[198]邹诗鹏.表达这一个时代的高清海哲学[J].吉林大学社会科学学报,2005(04):78-85.

(二)报纸

[1]王虎学."人之迷"的哲学自觉与解答[N].光明日报,2020-07-06(015).

[2]陈鑫 周世兴.马克思人性观的三重逻辑[N].中国社会科学报,2020-11-24(02).

[3]杨国荣. 冯契的哲学沉思[N]. 文汇报,2005-11-13(008).

[4]郭齐勇. 冯契先生的学术贡献与哲学创新[N].光明日报,2015-12-09(014).

[5]王向清. 创造性推进马克思主义哲学中国化[N].人民日报,2015-11-02(015).

[6]张汝伦. 冯契:用现代思想开拓中国传统哲学[N].社会科学报,2015-09-17(005).

[7]陈卫平. 冯契的哲学创作:统一古今中西[N].中国社会科学报,2016-01-05(002).

[8]王向清.冯契对中国哲学史的创新性诠释[N].光明日报,2021-01-18(014).

[9]赵建永. 从"言意之辨"到"转识成智"[N].中国社会科学报,2015-08-04(002).

三、硕博论文

[1]贺曦.冯友兰冯契理想人格学说比较研究[D].天津:南开大学,2012.

[2]焦明甲.从"物性逻辑"到"人性逻辑"[D].长春:吉林大学,2007.

[3]李妮娜.转变中的"自我"—中国近代自我观念研究[D].上海:华东师范大学,2018.

[4]林孝瞭.冯契自由理论研究[D].上海:华东师范大学,2004.

[5]刘明诗.冯契与马克思主义哲学中国化[D].武汉:武汉大学,2011.

[6]余华.冯契的理想观研究[D].湘潭:湘潭大学,2009.

[7]张伟娟.高清海哲学思想研究[D].长春:吉林大学,2014.

[8]周利方.论冯契对马克思主义哲学中国化的贡献[D].上海:上海社会科学院,2012.

[9]李伏清.冯契人的本质理论研究[D].湘潭:湘潭大学,2005.

[10]李锦招.人的成长和人格理想——冯契智慧说与霍韬晦如实观之比较研究[D].上海:华东师范大学,2005.

[11]贡华南. 知识与存在——对中国现代知识论的存在论反思[D].上海:华东师范大学,2002.